NOTIONS

LECTURE DES CARTES

TOPOGRAPHIQUES

À L'USAGE

DES LYCÉES, COLLÈGES ET DES ÉTABLISSEMENTS UNIVERSITAIRES

ACCOMPAGNÉES D'UNE CARTE DU DÉPOT DE LA GUERRE

PARIS

LIBRAIRIE DE FIRMIN-DIDOT ET Ce

IMPRIMEURS DE L'INSTITUT, RUE JACOB, 56

1870

NOTIONS

SUR LA

LECTURE DES CARTES

TOPOGRAPHIQUES

Typographie Firmin-Didot. — Mesnil (Eure).

NOTIONS

SUR LA

LECTURE DES CARTES

TOPOGRAPHIQUES

A L'USAGE

DES LYCÉES, COLLÈGES ET DES ÉTABLISSEMENTS UNIVERSITAIRES

ACCOMPAGNÉES D'UNE CARTE DU DÉPÔT DE LA GUERRE

PARIS

LIBRAIRIE DE FIRMIN-DIDOT ET Cie

IMPRIMEURS DE L'INSTITUT, RUE JACOB, 56

1879

PROGRAMME.

Importance de la lecture et de l'emploi des cartes topographiques.

Examen d'une carte topographique.

PLANIMÉTRIE.

Echelles.

Définitions.

Signes conventionnels.

Teintes conventionnelles.

Écritures.

NIVELLEMENT.

Projection d'un point, d'une ligne, d'un plan.

    Pente d'une ligne.

    Pente d'un plan.

Modes de représentation du terrain,

    1° au moyen des plans-reliefs,

    2° au moyen des cotes seules,

    3° au moyen des courbes de niveau,

    4° au moyen des hachures.

      De l'inspection de la carte en hachures, déduire les pentes du terrain.

Pentes limites.

Étude des mouvements du terrain.

Représentation des mouvements élémentaires du sol.

Exécution d'un profil.

Orientation.

Problèmes auxquels donne lieu la lecture des cartes.

    1. Mesurer la distance d'un point à un autre.

    2. Déterminer sur la carte, le point où l'on se trouve.

1

3. Mesurer la pente d'un terrain.
4. Trouver l'échelle d'une carte.
5. Trouver la valeur de l'équidistance naturelle à une échelle donnée.
6. Trouver la cote d'un point situé entre deux courbes.
7. Mener, entre deux courbes, une ligne de pente donnée.
8. Trouver la pente d'une route.
9. Trouver l'horizon visible d'un point.

Méthode d'instruction.

CARTE D'ÉTUDE

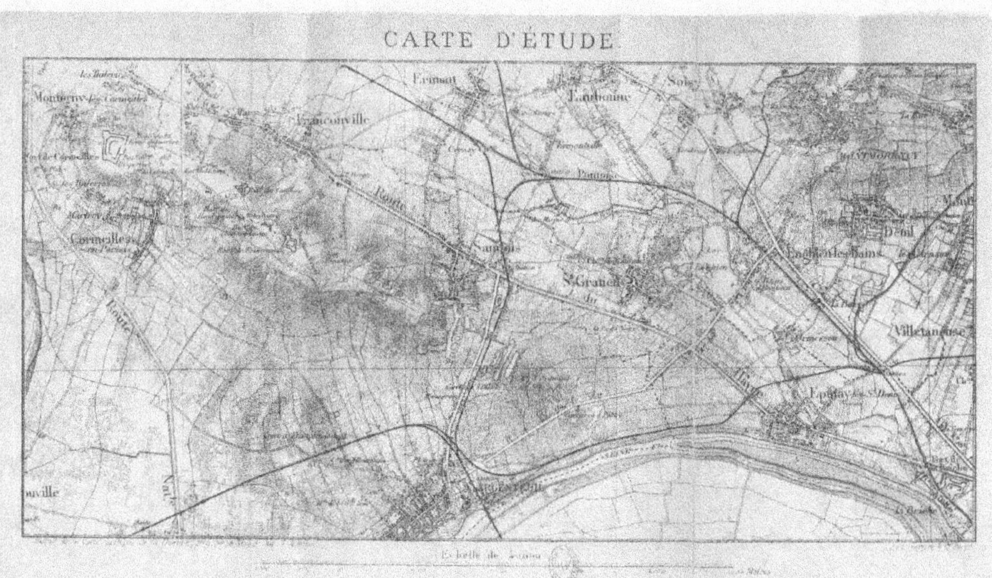

IMPORTANCE

DE LA

LECTURE DES CARTES

AVANT-PROPOS

La nouvelle loi militaire appelant sous les drapeaux, en temps de guerre, la presque totalité des Français de 20 à 40 ans, il est de la plus grande importance que tous, à quelque classe de la société qu'ils appartiennent, cherchent à acquérir les notions indispensables à la carrière qu'ils embrasseront un jour.

On ne doit, dans la noble profession des armes, négliger aucune des causes qui peuvent augmenter la dose des connaissances qu'il est utile de posséder.

De toutes les sciences militaires, la topographie est, à coup sûr, la plus importante. La fortification, malgré son efficacité à un moment donné, ne concerne qu'une certaine classe de militaires : elle est, en quelque sorte, une spécialité dans l'espèce, et tous ne sont pas tenus

à en connaître tous les problèmes, tous les principes :
un petit nombre de ceux-ci peut suffire, et, à moins
d'appartenir au corps du génie et d'y posséder un
commandement, une connaissance générale, superfi-
cielle, se rattachant simplement aux grands principes,
aux questions les plus usuelles, d'un emploi journalier,
sera suffisante la plupart du temps.

L'art militaire, qui apprend à disposer les troupes sur
un champ de bataille, à les manœuvrer, à les conduire,
à les engager, à leur assurer l'existence, n'est du ressort que de quelques-uns ; il possède néanmoins des
petits détails qu'il n'est permis à aucun militaire d'i-
gnorer, mais il s'adresse plus spécialement à la minorité
qui commande, à celle qui occupe à l'armée les grades
les plus élevés.

La topographie, au contraire, est une science universelle : nul n'a le droit d'en méconnaître aucun détail, parce que ces détails sont applicables à chaque
instant, parce qu'ils sont indispensables, parce que chacun est appelé à s'en servir.

Qu'un soldat soit envoyé en reconnaissance, sur la
lisière d'un bois, sur une route, dans une maison, etc.,
il doit, au retour, faire à son chef un rapport exact de
tout ce qu'il a vu. S'il s'agit d'une hauteur, il doit pouvoir dire quelle est la nature, l'altitude de ses points
principaux, si elle est très élevée, quelle est l'inclinaison de ses versants, si ceux-ci sont accessibles à la
troupe, quand ils cessent de l'être, si des chemins la
traversent, s'il y a des ravins, des vallées aux environs.
Pour un bois, il indiquera s'il est composé de grands
arbres ou d'arbustes épais, quelle est sa forme, sa
grandeur ; s'il y a des espaces non plantés (clairières)

à l'intérieur, comment est sa lisière, si elle est entourée d'un fossé; comment sont les flancs, s'ils sont
adossés à des hauteurs, à des obstacles quelcon-
ques; si des routes, des chemins, des sentiers le traversent.

Pour les lieux habités, il dira s'ils sont en plaine, ou sur
des hauteurs; s'il y a des hauteurs plus considérables dans
les environs et à quelle distance elles sont; si les environs
sont couverts ou découverts, d'une approche facile ou
difficile; s'il y a des murs, des haies, des jardins, etc.,
quels sont les chemins qui y conduisent, si les constructions sont solides, etc. S'il s'agit des eaux, il dira si on
peut les boire, quel est le débit de la source, si elle
est éloignée, si on peut facilement y arriver, quelle est
la direction du cours d'eau, sa largeur, sa profondeur,
la forme des rives, s'il y a des ponts, comment et où
ils sont; s'il y a des gués, leur profondeur, la nature
du fond, etc.

Mais, pour pouvoir exactement rendre compte de
tous ces détails, il faudra qu'il les note au fur et à mesure qu'ils se présentent; sa mémoire, souvent, sera
bien insuffisante, parce que les renseignements à fournir sont nombreux et nul d'entre eux, cependant, n'est
à négliger. Jamais le chef n'aura, par le récit qu'on
lui fera, au retour de la reconnaissance, qu'une relation
très imparfaite du terrain parcouru; il ne se le représentera que difficilement, il ne s'en fera peut-être pas
une idée bien exacte.

Combien les choses changeraient si, au lieu d'une
nomenclature sèche, aride, et qui ne parle en rien à
l'esprit, des objets rencontrés, il avait sous les yeux
un dessin figurant la hauteur reconnue, le bois exploré,

les lieux habités visités, les eaux rencontrées en route !
Alors, tout deviendrait clair, net, saisissable, compré-
hensible : on embrasserait d'un seul coup d'œil la
portion du sol sur laquelle on doit opérer, et les opérations seraient faites en connaissance de cause. On lais-
serait au hasard de l'entreprise beaucoup moins de
chances, on se rapprocherait davantage du succès, et ce
succès, peut-être, serait un de ceux qui sont décisifs,
qui arrêtent court l'ennemi, qui le font rétrograder, qui
remportent des victoires, qui sauvent une patrie.

Outre ces conséquences immédiates, il en est d'autres, plus matérielles en quelque sorte, qui sont encore
du ressort de la topographie. Il est, en effet, une foule
de petits problèmes d'un usage constant, indispensable,
que la topographie seule permet de résoudre. Veut-on
connaître la pente d'une hauteur, savoir en quel point
l'on se trouve à un moment donné, mesurer la distance d'un point à un autre, déterminer, pour un lieu
donné, tous les points qui sont aperçus, etc., c'est la
topographie qui répondra.

Napoléon Ier avait tellement bien reconnu l'utilité de
la topographie, qu'il créa, à l'armée, un corps spécial,
le corps des ingénieurs topographes, chargé d'éclairer
les généraux et de lever à vue, très rapidement, le cro-
quis d'un terrain. Ce corps est devenu, plus tard, celui
de l'état-major.

Bien lire une carte permettra, par exemple, au
commandant d'une troupe de juger d'un coup d'œil
le terrain à surveiller, d'en étudier les détails et d'en
apprécier la valeur militaire. Les cartes topographiques
lui montreront les routes, chemins, sentiers et ravins
par lesquels l'ennemi peut se présenter, les bois dans les-

quels il peut se glisser pour arriver jusqu'à lui, etc. Elles lui indiqueront les points avantageux pour l'établissement de ses postes de surveillance, de ses sentinelles avancées, etc., il connaîtra les moindres villages, hameaux fermes et pourra utiliser tous ces renseignements dans la suite de ses opérations. Elles lui donneront encore, avec une exactitude suffisante, la distance de l'ennemi, la force et la nature de ses positions, les voies qui y conduisent, l'emplacement probable de ses troupes : il pourra, dès lors, prendre de bonnes dispositions, soit qu'il veuille attaquer, soit qu'il ait à se défendre.

Enfin, un militaire qui ne saurait lire une carte ne pourrait retirer aucun avantage des lectures qu'il pourrait faire des relations de campagnes ou récits de batailles, toutes les opérations militaires étant accompagnées de cartes de toute nécessité pour leur intelligence. Un exemple entre mille : le 18 août 1870, le jour de la bataille de *Saint-Privat*, le général *Steinmetz*, commandant la 1re armée prussienne, arriva deux heures en retard sur le champ de bataille. Ce retard, qui empêcha les Prussiens de profiter de leurs avantages, fut dû à de mauvaises indications données par les officiers chargés de reconnaître les chemins. On sait qu'il entraîna la disgrâce du général *Steinmetz* qui fut aussitôt remplacé par le général Manteufeld.

Nous n'avons envisagé jusqu'à présent l'étude de la lecture des cartes qu'au point de vue militaire : nous sommes partis d'un principe vrai, indiscutable, c'est que tous les jeunes gens étaient appelés à rendre à leur pays les services qu'il est en droit de réclamer, qu'ils ne devaient, par suite, négliger aucun des moyens de payer cette dette sacrée, qu'ils devaient se préparer, se faire forts pour les luttes à venir.

La topographie, de toutes les sciences militaires, étant la plus indispensable, la plus universelle, devait donc attirer leurs regards d'une façon toute particulière, et nous avons vu, dans la suite, quels éminents services elle pouvait rendre à tous les membres de la grande famille militaire, à quelque titre qu'ils en fissent partie.

Mais, outre ces considérations patriotiques, outre cette cause toute morale, produisant des effets matériels immenses, il en est encore d'autres beaucoup plus secondaires, plus terre à terre encore, et surtout beaucoup plus générales, puisqu'elles s'adressent à tous, militaires ou non.

Qu'un propriétaire veuille se rendre compte de la physionomie de ses propriétés, de leur étendue, des hauteurs, des bas-fonds qui s'y trouvent, etc..., il en lèvera le plan, il fera de la topographie.

Qu'un touriste veuille visiter sérieusement un pays, avec l'idée de retirer de ses excursions le plus grand fruit possible, il se munira de la carte topographique de la région, où les moindres fermes, les plus petit replis du terrain seront figurés, et il n'aura même pas besoin d'un guide pour se diriger; sa carte, s'il sait la lire, lui tiendra lieu du meilleur, ne le trompera jamais et sera toujours prête à le renseigner, à l'éclairer, à lui indiquer les points principaux où il pourra faire halte.

Le voyageur qui veut explorer un pays, le citadin qui désire visiter les environs de sa résidence, l'étranger, le chasseur, tous pourront s'aventurer sans crainte, s'ils ont une carte et s'ils savent la lire.

La lecture des cartes, on le voit, est d'une utilité constante, elle est du plus grand intérêt; souvent même, elle devient indispensable.

Et, si l'on considère que pour arriver à bien lire une carte, à se faire, de prime abord, une idée très nette du pays qu'elle représente, il suffit de quelques principes, d'une simplicité des plus grandes, et de quelques exercices attrayants, plutôt faits pour distraire que pour fatiguer l'esprit, on en conclura qu'on serait bien coupable de ne pas se familiariser avec une science qui devrait depuis longtemps être en honneur en France, dans tous nos établissements d'instruction.

CARTE TOPOGRAPHIQUE

Vous n'avez eu jusqu'à présent, entre les mains, que des cartes représentant de très grandes étendues de terrain : la mappemonde, la carte d'un continent tel que l'Europe, ou d'une contrée comme la France. Vous avez dû remarquer que les villes y étaient représentées seulement par un point, les cours d'eau par une ligne sinueuse, les routes par un trait. De grosses lignes plus noires, y figuraient les montagnes. Et cependant les villes ont des rues, des maisons, des édifices, des promenades, des quais ; les cours d'eau ont deux rives qui tantôt se rapprochent, tantôt s'éloignent sans conserver longtemps entre elles la même distance ; les routes sont parfois bordées d'arbres, elles n'ont pas toutes les mêmes dimensions ; elles sont tantôt plus basses, tantôt plus élevées, tantôt du même niveau que les portions du sol qui les avoisinent ; les montagnes sont plus hautes en un point qu'en un autre ; leurs versants sont inaccessibles ici, là, ils vont en pente douce et permettent même aux animaux de les franchir ; l'épaisseur de la montagne n'est pas partout la même : tous ces renseignements ne sont pas indiqués sur votre carte. En la consultant, vous ne découvrirez jamais les rues, les maisons, les promenades, les quais d'une ville ; les rives et la largeur d'un cours d'eau ; les arbres qui bordent une route et la situation de celle-ci par rapport au terrain environnant, l'altitude des différents points, la nature de la pente des versants de la montagne, son épaisseur, etc... Et, cependant, votre carte n'est pas incomplète. Elle vous donne tous les renseignements qu'elle est susceptible de vous donner sur une feuille de papier aussi petite et les cartes de *géographie*, qui vous représentent, sur un espace aussi restreint, une portion de terrain aussi vaste que l'étendue de la France, par exemple, ne peuvent vous en donner d'autres.

Si vous voulez les avoir complètement, il vous faut, pour une feuille de papier de mêmes dimensions, un terrain beaucoup moins grand, un département, un arrondissement, un canton, une commune, et la carte que vous aurez alors sous les yeux et sur laquelle les rues, les maisons, les cours d'eau, la position d'une route, la forme, la hauteur d'une montagne seront représentés, se nommera une carte *topographique*.

Vous voyez bien maintenant quelle est la différence qui existe entre ces deux sortes de cartes et de quelle utilité peut vous être celle-ci.

Vous avez, à la fin de ce petit ouvrage, une carte de topographie représentant une portion des environs de Paris.

Vous remarquez en bas, coulant de droite à gauche, la Seine, représentée par ses deux rives ; au milieu de la partie blanche, qui figure l'eau, se trouve une petite bande grisâtre indiquant de la terre ferme. Tout à fait en bas, un nom, *Argenteuil*, écrit en caractères assez gros, plus gros que ceux qui désignent les villages de *Saint-Gratien*, de *Sannois*, le *Moulin de la Grande-Tour* et la *Croix à François-le-Sept*. Ces deux derniers sont écrits en caractères excessivement petits. Cela tient à ce qu'*Argenteuil* est plus important que *Saint-Gratien* et *Sannois*, plus importants eux-mêmes que le *Moulin de la Grande-Tour* et la *Croix à François-le-Sept*. Vous pouvez en déduire déjà que la grosseur des caractères exprime le degré d'importance des diverses localités. De petites bandes blanches coupent la carte en tous sens. L'une de gauche à droite, joignant *Sannois* à *Epinay-lez-Saint-Denis*; une autre, de haut en bas, reliant *Sannois* à *Argenteuil*; une troisième sort d'*Argenteuil*, vient couper la première à droite de *Saint-Gratien* et se dirige sur les bains d'*Enghien*; une dernière enfin quitte *Argenteuil* à sa partie de gauche, en haut, laisse à gauche la *Croix des Quatre-Tournants* et la *Croix à François-le-Sept*, et court vers le coin supérieur gauche de notre carte.

Outre ces bandes blanches, de petites lignes noires et pleines sillonnent le dessin en tous sens.

Ces bandes blanches et noires sont des routes ; toutes les routes ne relient pas des points aussi importants.

La première dont nous avons parlé, qui joint *Paris* au *Havre* et qui est une route nationale, ne doit pas être confondue avec les autres, avec celle qui, par exemple, relie *Sannois* et *Argenteuil*.

Cette différence est aussi bien établie sur la carte, les deux routes n'étant pas tracées de la même façon : la première en effet est indiquée par quatre traits parrallèles, deux de chaque côté; deux traits seulement figurent l'autre. Le petit chemin qui sort d'*Argenteuil* à gauche, moins important que les autres, est figuré par deux traits beaucoup plus rapprochés que ne l'étaient les précédents. Enfin les petites bandes noires, pleines, qui sillonnent la carte, sont des chemins à travers champs, des sentiers; aussi ne sont-ils représentés que par un trait.

Autre remarque à faire, par suite : c'est que les routes sont, suivant leur importance, tracées de différentes façons.

Une autre voie de communication, le chemin de fer, coupe notre carte à peu près en deux, de bas en haut; elle est figurée par un large trait noir coupé, à des intervalles très rapprochés, par de petites lignes noires, perpendiculaires à la direction de la voie ferrée. Tous ces petits réseaux noirâtres qui se trouvent à la gauche des mots *Argenteuil* et *Sannois*, à la droite de celui de *Saint-Gratien*, figurent ces villages; de petites bandes, comme les chemins et les routes, indiquent les rues, les maisons sont représentées par de gros traits noirs suivant les contours qu'elles dessinent sur le sol.

On ne pourrait pas, en effet, représenter les maisons par leur coupe, par la physionomie qu'elles présentent, indiquer leur nombre d'étages, etc., on est obligé de convenir d'une façon de les marquer sur la carte, de même que les routes, le chemin de fer, les rivières, on est donc convenu de certains signes, toujours les mêmes, pour chacun des objets qu'il était important de signaler. Ces signes se nomment *signes conventionnels*.

Sur les cartes en couleur, on fait usage, en outre, de couleurs, de teintes conventionnelles, pour indiquer les eaux, les vignes, les prés, les bois, les terres labourables, etc.

Nous n'avons parlé jusqu'à présent, que des objets qui se trouvaient à la surface du terrain en général, nous ne nous sommes pas occupés de savoir si ce terrain était uni, horizontal, plan, ou bien s'il était accidenté, rempli de hauteurs, de collines, de bas-fonds, de vallées. Nous n'avons vu jusqu'ici que ce que l'on étudiait dans la partie nommée *planimétrie*.

Quant au *nivellement*, c'est-à-dire à la connaissance relative des hauteurs des différents points du terrain, nous l'avons laissé de côté. Il est pourtant bien représenté sur notre carte; toutes ces petites lignes droites, serrées, placées à côté l'une de l'autre, formant des figures de toutes sortes, et qui paraissent couvrir le dessin d'une teinte noirâtre, s'appellent des *hachures* : ce sont elles qui indiquent le nivellement, les diverses hauteurs, les pentes de ce terrain.

Nous pouvons donc, dès à présent, diviser notre étude en deux grandes parties :

La planimétrie qui est l'image du terrain sur un plan horizontal, le plan du niveau de la mer, et le nivellement qui donne le figuré du relief du terrain.

La première question que nous ayons d'abord à nous poser est de savoir quelle longueur de terrain nous avons sous les yeux, et dans quelles proportions elle se trouve réduite par la carte : nous commencerons donc par étudier les *échelles*.

PLANIMÉTRIE.

ÉCHELLES.

Dessiner une carte topographique, c'est reproduire en petit, sur une feuille de papier, l'image du terrain ; c'est faire une figure semblable à la planimétrie. Or, les figures semblables ont les angles égaux et les côtés homologues (ceux qui sont opposés aux angles égaux) proportionnels ; donc les angles seront rapportés sur le papier comme ils existent dans la nature, et les lignes ou longueurs seront réduites dans une certaine proportion :

Cette relation constante qui existe entre les lignes de la carte topographique et celles qu'elles représentent dans la nature, se nomme l'*échelle* de la carte.

Dire qu'une carte est au $\frac{1}{10000}$, au $\frac{1}{20000}$, etc., c'est dire qu'une longueur quelconque de la carte, une route, par exemple qui aurait 10 kilomètres, serait représentée sur la carte par une ligne d'une longueur 10,000 fois, 20,000 fois, etc. plus petite, et aurait alors, suivant l'un de ces deux cas, 1 mètre, 50 centimètres, etc.

Vous voyez déjà quels immenses services peut vous rendre la connaissance d'une carte : voulez-vous savoir, par exemple, quelle est la distance qui sépare le moulin de *Trouillet* du moulin d'*Orgemont* ? N'oubliez pas que nous opérons ici sur une carte au $\frac{1}{40000}$, ce qui veut dire que 40,000 mètres du terrain sont représentés par

1 mètre de la carte, que 10,000 mètres le sont par quatre fois moins que 1 m., soit $\frac{1}{4}$ de mètre, et que 1,000 mètres le sont par dix fois moins que 10,000 mètres, soit $\frac{1}{40}$ de mètre. En effectuant l'opération, nous trouvons que le kilomètre, à l'échelle du $\frac{1}{40000}$ vaut $0^m,025$. Voilà la base sur laquelle nous allons opérer. Maintenant, en cherchant, avec un double décimètre, quelle est la distance qui sépare, sur la carte, les deux moulins dont nous avons parlé, nous trouvons 54 millimètres. Nous dirons donc :

$0^m,025$ de la carte représentant 1,000 mètres du terrain, 0,001 de la carte représentera $\frac{1000}{25}$ mètres du terrain, et 0,054 de la carte représenteront $\frac{1000 \times 54}{25}$ $= 2,160$ mètres du terrain.

Nous voyons ainsi que la distance d'un moulin à l'autre est de 2,160 mètres.

Le calcul que nous venons de faire, peut être rendu plus général, et donner lieu à une règle fort utile à connaître, lorsqu'il s'agit de résoudre des problèmes de ce genre.

Soit une longueur L prise sur le terrain, et l son homologue sur le plan ; ces deux lignes sont dans la proportion $\frac{l}{L}, = \frac{1}{M}$, l'échelle du plan ; d'où :

$M = \frac{L}{2}$; M est ce qu'on nomme le dénominateur de l'échelle.

De l'égalité $M = \dfrac{L}{l}$, on peut très facilement tirer $l = \dfrac{L}{M}$ et $L = l \times M$; ce qui se traduit de la manière suivante : *la longueur sur le papier est égale à la longueur sur le terrain, divisée par le dénominateur de l'échelle,* 1000^m à l'échelle du $\dfrac{1}{10000} = \dfrac{1000}{10000} = 1$ décimètre.

La *longueur sur le terrain est égale à celle sur le papier multipliée par le dénominateur de l'échelle ;* un décimètre à l'échelle de $\dfrac{1}{10000} = 1$ décim. $\times$ 10,000 ou $0^m,1 \times$ 10,000 $= 1,000$ mètres.

Le problème qui se présente le plus souvent est ce dernier : *Connaître la valeur d'une ligne du terrain connaissant celle du plan.*

La solution de ce problème nécessite une multiplication : c'est pour rendre cette multiplication plus facile et permettre en quelque sorte de la faire mentalement que l'on a généralement pris pour M des multiples de 10. Lorsqu'une carte ne porte pas l'indication de l'échelle à laquelle elle a été levée, et qu'on se trouve sur le terrain qu'elle représente, il est facile de la déterminer.

Nous avons dit en effet que $M = \dfrac{L}{l}$, il nous suffira donc de mesurer une ligne droite du terrain, que l'on choisira pour plus d'exactitude presque horizontale et aussi longue que possible. On divisera cette longueur trouvée L par celle l qui la représente sur le papier et le quotient sera le dénominateur de l'échelle.

Exemple. — La longueur entre les deux moulins est

de 2,160 mètres, celle qui la représente sur la carte est de $0^m,054$, l'échelle sera $\dfrac{2160}{0,054} = 40000$. En effet, $0,054 \times 40,000 = 2,160$.

Pour s'éviter la peine des multiplications dans la détermination des lignes naturelles au moyen des lignes graphiques, c'est-à-dire de la carte, on construit des tableaux graphiques portant le nom de *tableaux-échelles* ou de tableaux graphiques.

Construisons, par exemple, l'échelle de $\dfrac{1}{10000}$.

Nous chercherons la longueur qui représentera 100 mètres. Cette longueur est $\dfrac{100}{10000} = \dfrac{1}{100}$ ou 1 centimètre. On portera alors successivement sur une ligne indéfinie à partir d'un point marqué 0, dix longueurs égales à 1 centimètre à la droite du 0. Chaque division vaudra 100 mètres. Puis à gauche du zéro, on portera encore une division de 1 centimètre que l'on divisera en millimètres, chacune des petites divisions vaudra donc 10 mètres. On numérote les divisions comme l'indique la figure (fig. 4).

Lorsqu'on veut avoir la distance qui sépare deux points du terrain, deux arbres, par exemple, on prend cette distance sur la carte, avec un compas. On la porte ensuite sur l'échelle en plaçant une pointe du compas au zéro de la division. Si l'autre pointe tombe sur la division marquée 400, par exemple, les deux arbres sont distants de 400 mètres, si elle tombait entre 400 et 500 mètres,

on mesurerait la distance comprise et le point où elle
est venue tomber, et on porte cette nouvelle distance
à gauche du zéro. Si elle va, par exemple, de 0 à la
7ᵉ division, nous aurons à ajouter 70 mètres à 400 et
nous verrons ainsi que les deux arbres sont éloignés l'un
de l'autre de 470 mètres.

L'échelle au $\frac{1}{20000}$ se construit absolument de la
même façon que celle au $\frac{1}{10000}$, mais les longueurs représentant 100 mètres ne seront plus des centimètres,
elles seront moitié moins grandes et vaudront, par suite,
5 millimètres.

Néanmoins, comme ces longueurs sont très petites,
et que les divisions, sur l'échelle graphique, seraient
un peu trop rapprochées, donneraient une figure em-
brouillée et nuiraient à la rapidité et à la clarté de la
lecture, on n'inscrit les nombres que de centimètre en
centimètre.

La division située à la gauche du zéro ne pouvant être
divisée en dixièmes, c'est-à-dire en demi-millimètres,
sans confusion, on la divise en millimètres, on a ainsi
5 divisions valant chacune 20 mètres.

On évalue les distances avec cette échelle de la
même manière qu'avec la précédente (fig. 2).

Fig. 2.

$\frac{1}{5000}$ La valeur graphique de 100 mètres pour cette échelle est de $\dfrac{100}{5000}$ ou de $\dfrac{1}{50}$, soit 2 centimètres, l'échelle sera donc la suivante :

Chaque division à gauche du zéro représente 10 mètres ; mais comme elles sont espacées de 2 en 2 millimètres, chaque millimètre représente 5 mètres.

On pourra donc, en se servant de ces divisions, avoir la distance à moins de 5 mètres (fig. 3).

Si l'on jugeait cette appréciation insuffisante, ce qui est cependant une erreur, puisque les opérations topographiques sont susceptibles d'erreurs plus grandes, on pourrait construire une échelle graphique appelée *échelle des dixièmes, échelle des dixmes* ou plus simplement *dixme*.

Supposons que l'on veuille construire un dixme pour l'échelle de $\dfrac{1}{5000}$: on portera, sur une ligne indéfinie des doubles centimètres représentant 100 mètres. Aux points B et 400 on élèvera des perpendiculaires BD, 400-400, sur lesquelles on prendra des longueurs arbitraires mais égales entre elles. Par les points de division ainsi déterminés sur les deux perpendiculaires déjà tracées, on mènera des parallèles à B-400 et on divisera la parallèle supérieure en 10 parties égales chacune à l'une des divisions qui se trouve à la gauche du zéro de l'échelle : on joindra le point 10 de la parallèle inférieure (la ligne représentant l'échelle) au point 0 de la parallèle supérieure, 20 à 10, 30 à 20..... 100 à 90. On obtiendra de la sorte une série de parallèles transversales dont les intersec-

Fig. 3.

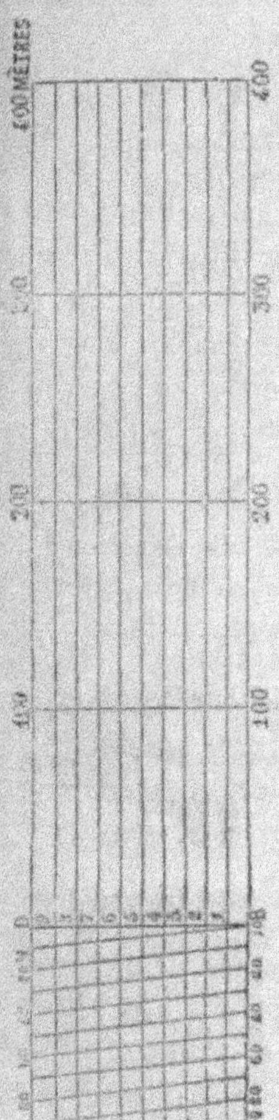

Fig. 4.

tions avec les grandes parallèles détermineront, entre la ligne 00 et la ligne 0 10 transversales, des longueurs ayant des valeurs de 1, 2, 3, 4..... 8, 9, 10 mètres en allant du sommet à la base du triangle ainsi formé.

De cette façon, une longueur de compas égale à la distance *ab* vaudra $300 + 50 + 5 = 355$ mètres (fig. 4).

Il ne faut pas exagérer l'importance des dixmes en topographie : les échelles simples suffisent.

Soit, en effet, un dessin à l'échelle de $\frac{1}{10000}$.

Toute ligne plus petite que $0^m,0002$ sur le papier est inappréciable, c'est un principe, avec des instruments.

Or, 0,0002 à l'échelle de $\frac{1}{10000}$ représentent deux mètres, il est donc complètement inutile de vouloir apprécier, lorsqu'on opère à cette échelle, une longueur à 1 mètre près.

Cela est vrai à l'échelle de $\frac{1}{10000}$ et, à plus forte raison, pour les échelles plus petites, telles que le $\frac{1}{20000}$, le $\frac{1}{40000}$, etc., etc.

Les dixmes ne sont, par suite, réellement avantageuses que dans les cas d'échelles grandes, telles que le $\frac{1}{2500}$, le $\frac{1}{2000}$ etc.

Le génie emploie les échelles au $\frac{1}{2000}$, au $\frac{1}{2500}$, qui permettent de donner une grande quantité de petits détails, fort utiles, lorsqu'il s'agit de villes, de places fortes, de citadelles, de forteresses, etc., etc., en un mot, de levés demandant une grande précision.

Le terrain à lever étant généralement plus considérable en topographie, on se servira d'échelles plus petites : sans cela le dessin serait trop vaste.

On emploie l'échelle du $\frac{1}{5000}$ pour les dessins soignés, abondants en détails; celle du $\frac{1}{10000}$ pour un levé de médiocre étendue, 3 à 5 kilomètres. Cette échelle permet encore beaucoup de renseignements ; on peut s'en servir pour représenter les environs d'une ville, une forêt, de vastes propriétés, etc.

L'échelle du $\frac{1}{20000}$ est celle que l'on emploie le plus fréquemment, elle sert aux levés de grande surface (10 kilomètres carrés), aux itinéraires, aux reconnaissances militaires, aux cartes des champs de bataille, etc., etc. C'est à cette échelle que l'on réduit le plus généralement la carte d'état-major lorsqu'on veut obtenir des détails que la petite échelle de celle-ci serait insuffisante à représenter.

L'échelle du $\frac{1}{40000}$ est l'échelle des minutes de la carte de France, elle est employée pour les grandes villes et leurs environs. Cette échelle est encore assez grande pour figurer le relief d'un terrain avec assez de précision.

Le $\dfrac{1}{80000}$ est l'échelle à laquelle est gravée la carte de France levée par notre état-major.

L'échelle employée par *Cassini*, pour le levé de la France, était, en raison des anciennes mesures, au $\dfrac{1}{86400}$; une ligne est en effet, dans ce système de mesure, la 864e partie de la toise, ou la 86,400^e partie de 100 toises. — La carte de France du génie est au $\dfrac{1}{864000}$, c'est, par suite, une réduction au $\dfrac{1}{10}$ de celle de Cassini.

Cette dernière échelle est déjà une échelle de *chorographie*, c'est-à-dire de la représentation d'une contrée; les autres échelles employées le plus habituellement dans ce cas, sont celles du $\dfrac{1}{350000}$, du $\dfrac{1}{500000}$, du $\dfrac{1}{200000}$. La base de l'échelle graphique de ces cartes est au moins le kilomètre.

En géographie les échelles ont un dénominateur très grand, habituellement 1,000,000, 2,000,000. Ainsi, la carte d'Europe, du dépôt de la guerre, a été gravée au $\dfrac{1}{2000000}$.

Dans les diverses constructions de bâtiments, on emploie différentes sortes d'échelles, suivant les détails que l'on veut fournir : le $\frac{1}{1000}$, le $\frac{1}{500}$, le $\frac{1}{400}$, le $\frac{1}{150}$, le $\frac{1}{100}$, etc.

Pour les levés de machines, les dessins d'ébénisterie, de menuiserie, etc., on emploie assez souvent les échelles de $\frac{1}{50}$, $\frac{1}{30}$, $\frac{1}{20}$, etc.

Il peut être très utile de connaître, de prime abord, la valeur de l'hectomètre, du kilomètre et de la lieue commune de 4 kilomètres aux différentes échelles les plus généralement employées. Le tableau suivant fournit tous ces renseignements :

Échelles.	Valeur de l'hectomètre.	Valeur du kilomètre.	Valeur de la lieue de 4 kilomètres.
$\frac{1}{2500}$	4 centimètres.	40 centimètres.	1^m,60 centimètres.
$\frac{1}{5000}$	2 —	20 —	0^m,80 —
$\frac{1}{10000}$	1 —	10 —	0^m,59 —
$\frac{1}{20000}$	5 millimètres.	5 —	0^m,20 —
$\frac{1}{40000}$	2 1/2 —	2 1/2 —	0^m,10 —
$\frac{1}{80000}$	1 1/4 —	12 1/2 millimètres.	0^m,05 —
$\frac{1}{100000}$	1 —	1 centimètre.	0^m,04 —
$\frac{1}{160000}$	0^m,625	6 1/4 millimètres.	0^m,02 1/2 —
$\frac{1}{200000}$	1/2 millimètre.	5 millimètres.	0^m,02 —

Lorsqu'on est sur le terrain, l'on n'a pas toujours avec soi une chaîne d'arpenteur, un double décimètre, un cordeau de longueur connu, et il n'est pas toujours possible de mesurer exactement une distance en mètres.

Si l'on apprécie parfaitement à la vue, on peut facilement remédier à cet inconvénient, mais l'estimation à l'œil est fort difficile, demande une observation de tous les instants, une habitude excessivement grande, et ceux qui sont les plus aptes à ce genre d'exercices arrivent à des résultats bien éloignés encore de la perfection.

L'estimation au pas est bien supérieure et, quoique demandant un peu plus de temps, puisqu'elle exige qu'on se transporte d'un point à celui dont on veut connaître l'éloignement, elle n'en est pas moins très rapide et n'est presque pas entachée d'erreurs.

Le procédé consiste simplement à se servir de son pas comme d'une unité de mesure; on peut ainsi faire une échelle de pas comme l'on fait une échelle de mètres.

Mais tout le monde ne fait pas le pas de la même longueur, les uns le font excessivement petit; les pas des autres sont plus grands, quelques-uns font de véritables enjambées.

Chacun est donc tenu, pour pouvoir s'en rapporter à lui-même, de savoir quelle est, en unités, la valeur de son pas. Résoudre ce problème, est une opération qui se nomme la mesure, *l'étalonnage du pas*. Puisque nous avons pris 100 mètres pour base graphique des échelles de nos cartes topographiques, nous allons chercher combien de pas nous faisons pour cette longueur, 100 mètres. Il semble qu'il suffise pour avoir la solution de se placer à une borne hectométrique et d'aller jusqu'à la suivante, en comptant ses pas; le nombre trouvé représentera bien, en effet, tant de pas pou 100 mètres. Mais si l'on considère que l'on ne fait pas toujours les pas de la même longueur, que la nature de la marche est un peu irrégulière, on se rendra vite compte que l'on n'obtiendra pas toujours, pour une même distance, 100 mètres, le même nombre de pas. Il est donc indispensable de faire plusieurs fois le même trajet, de noter chaque fois le nombre de pas effectués, d'additionner tous ces nombres et de diviser le total par le chiffre indiquant combien de fois on a parcouru la distance prise pour base. C'est ce que l'on nomme *faire une moyenne*.

Si on a, sur quatre voyages, par exemple, fait 123 pas au premier, 117 au deuxième, 119 au troisième, 121 au quatrième, on additionne tous ces nombres, ce qui donnera 480. En divisant par 4, nombre des trajets, l'on obtiendra 120. L'on pourra dire alors que, à très peu de chose près, l'erreur serait très petite, l'on fait 120 pas pour 100 mètres.

Si l'on veut, avec ce renseignement, construire l'échelle de pas qui correspond, par exemple, à l'échelle en mètres, du $\dfrac{1}{10000}$, on opérera de la façon suivante :

Au-dessous de l'échelle de $\dfrac{1}{10000}$ déjà tracée, on tirera une ligne indéfinie, parallèle, dont le point 0 sera mathématiquement au-dessous du 0 de l'échelle en mètres. Puisque l'on fait 120 pas pour 100 mètres, le nombre 120 correspond au nombre 100 de la n. échelle, le double, 240, correspondra au double 200, etc..... A gauche du zéro, la division 0-120 sera divisée en 10 parties égales, chacune représentant des dixièmes de 120 pas, soit 12 pas. Elles seront ainsi numérotées de la gauche à la droite : 0,12, 24,36..... 120 (fig. 5).

Si, sur le terrain, une longueur est de 300 pas, on la mesurera à l'échelle des pas : 240 pas, l'échelle le montre, correspondent à 200 mètres.

La partie à gauche du 0 indique que 60 pas correspondent à 50 mètres, 300 pas vaudront donc en mètres : 200 + 50 = 250 mètres, soit $2\frac{1}{2}$ centimètres sur la carte au $\frac{1}{10000}$.

On peut, on le voit, construire des échelles de toutes sortes ; il y a des échelles de *temps*, indiquant le nombre de minutes nécessaires pour franchir le kilomètre, la lieue, etc...., et qui sont d'une grande utilité aux cavaliers ; il y a des échelles de *son*, indiquant le temps nécessaire au bruit produit par la détonation d'une arme à feu pour parvenir à l'oreille de l'estimateur (333 mètres à la seconde) et dont l'importance est capitale en campagne, près de l'ennemi, sur un champ de bataille. La nature des échelles, on le voit donc, varie à l'infini, le procédé de construction restant toujours absolument le même.

Fig. 5.

DÉFINITIONS.

Nous avons vu, en examinant notre carte, que l'on était convenu d'adopter, pour représenter les objets à la surface du sol, certains signes que nous avons appelés signes *conventionnels*.

La connaissance de ces signes est de la plus grande importance, car ils sont, en quelque sorte, l'alphabet de la planimétrie de toute carte de topographie.

Il est impossible de lire un dessin de cette nature si l'on n'a pas parfaitement présents à l'esprit les divers signes les plus généralement en usage. Il faut donc se les rendre familiers, les dessiner souvent au début de leur étude, les rechercher sur la carte et n'en négliger aucun, si petit, si insignifiant qu'il paraisse. — Il est bon, avant de donner le tableau des différents signes conventionnels, de savoir nettement quels sont les principaux objets qu'ils servent à représenter : nous en donnerons donc, dès à présent, quelques définitions.

Les *cultures* sont [des portions de terrain cultivées ou plantées qui se divisent en terres labourables, prés, prairies, vergers, vignes, jardins, bruyères, broussailles, forêts.....

Un *fleuve* est un cours d'eau qui se jette dans la mer.

Un cours d'eau se jetant dans un fleuve s'appelle *rivière*.

On donne le même nom à un cours d'eau de faible importance, qui se jetterait dans la mer.

Les *rives* sont les limites latérales d'un cours d'eau

et prennent le nom de droite ou de gauche, suivant qu'elles sont à la droite ou à la gauche de la direction suivie par le cours d'eau. En outre, on nomme *amont* le côté d'où viennent les eaux et *aval*, celui vers lequel elles coulent.

Un *canal* est un cours d'eau creusé de main d'homme et servant soit à joindre deux cours d'eau, soit à rectifier leur cours.

Un *fossé d'irrigation* est un fossé creusé pour arroser les prairies ou une portion quelconque du sol dans le voisinage d'un cours d'eau alimentant le fossé.

Une *mare* est une portion basse du sol remplie d'eau pluviale et qui est creusée soit naturellement, soit de main d'homme; le fond en est généralement vaseux et parfois, en été, les eaux baissent et le laissent à sec.

Un *étang* est un déversoir d'eaux pluviales ou d'eaux courantes : lorsqu'il avoisine les mers il prend le nom de *lagune*.

Une *source* est le point où un cours d'eau prend naissance, où il commence à circuler à travers les terres.

Un mince filet d'eau vive qui sort de terre prend le nom de *fontaine*.

Un *pont*, c'est un ouvrage d'art en pierre, en fer ou en bois, destiné à franchir un cours d'eau, et reliant, par suite, ses deux rives. Un pont peut également servir à traverser une route, une voie ferrée, etc.

Un *moulin* est une machine destinée à moudre les céréales et qui se meut, soit à l'aide du vent, au moyen d'ailes recouvertes de toile, soit à l'aide de l'eau, au moyen d'ailettes y venant successivement plonger et que le courant met en mouvement.

Un *chemin* est une partie du sol entretenu, servant de

communication entre plusieurs localités et sur laquelle se meuvent les animaux et les voitures. Un chemin de petites dimensions passant à travers champs et servant le plus souvent, à raccourcir un chemin reliant les mêmes points prend le nom de *sentier*.

Une *route* est une voie de communication analogue au chemin, mais plus large et plus particulièrement entretenue. Elle prend, suivant son importance le nom de route nationale (12 à 20^m) et de route départementale (8 à 12^m).

Elle prend le nom de *route ferrée* lorsqu'elle sert au transport des convois à la vapeur : elle est en *déblai* lorsque sa chaussée, sa partie moyenne, est au-dessous du sol environnant; on l'appelle aussi *chemin creux*; elle est en *remblai* lorsque la chaussée est au-dessus du sol extérieur; à niveau, lorsqu'elle est à la même hauteur que lui, à *revers*, lorsqu'elle suit les flancs d'un mouvement de terrain en le contournant.

Un *tunnel* est un ouvrage d'art destiné à relier deux vallées, construit sous une élévation quelconque du sol et sous lequel passe généralement un chemin de fer.

Un *viaduc* est un pont jeté au-dessus d'une vallée, de manière à relier deux portions du sol de même niveau et sur lequel passe généralement un chemin de fer.

Une *ligne télégraphique* est une série de fils de fer soutenus par des poteaux destinés au passage des dépêches et bordant une voie ferrée ou une route.

La *station* est le point d'une voie ferrée où s'arrête le chemin de fer pour prendre ou laisser des voyageurs ou des marchandises.

Une *gare* est une station munie d'une voie de garage, c'est-à-dire destinée à pouvoir laisser croiser deux ou plusieurs trains.

Un *bois* est une étendue de terrain couverte d'arbres, traversée de sentiers et généralement pourvue de parties découvertes, nommées clairières.

Les bois sont dits de *futaie* lorsqu'ils sont formés de grands arbres assez espacés les uns des autres, et *taillis* lorsque ces arbres sont petits, touffus, très rapprochés et rendent la traversée du bois difficile.

Une *forêt* est un bois d'une très grande étendue.

Un *bosquet* est un bois de petite dimension.

Un *taillis* est un fourré formé de petits arbres coupés très près du sol, d'arbustes très rapprochés les uns des autres et dont les branches s'entrelaçant, en rendent l'accès presque impraticable.

Des *broussailles* sont des arbrisseaux et des arbustes, la plupart du temps épineux, qui croissent dans les forêts et dans les terrains secs.

Un *verger* est une partie de terrain plantée d'arbres fruitiers.

Une *ville* est un assemblage d'un grand nombre de maisons disposées par rues et souvent entourée d'une enceinte commune.

Un lieu non fermé de murailles et composé principalement de maisons de paysans, assez souvent séparées les unes des autres, prend le nom de *village*.

Un petit village formé de quelques maisons éloignées du lieu où se trouve l'église de la paroisse prend le nom de *hameau*.

Une *ferme* est une habitation composée de plusieurs bâtiments disposés autour d'une cour principale et entourée de jardins, de haies et de murs de clôture.

Un *château* est une forteresse entourée de fossés et de gros murs et flanquée de tours. On donne aussi, par extension, le nom de château à une vaste maison de plaisance.

Un *mur* est un ouvrage construit soit en pierre de taille, moellons, briques, cailloux, bois ou terre, et destiné à entourer une habitation, un jardin, etc. Une cloture faite d'arbustes, de ronces, .d'épines ou de branchages entrelacés, prend le nom de *haie;* les clôtures sont parfois entourées d'un fossé.

Un *jardin* est un terrain où l'on cultive des légumes, des fleurs, des arbres, etc., dans un but d'utilité ou d'agrément et sans employer la charrue.

Un *clocher* est un bâtiment de maçonnerie ou de charpente dans lequel sont pendues les cloches et qui est ordinairement élevé au-dessus d'une église.

Une *tour* est un bâtiment fort élevé par rapport à sa base, de forme ronde, carrée ou polygonale, qui tantôt s'élève isolé, tantôt flanque les murs d'enceinte d'une ville, d'un château, tantôt surmonte la façade d'une église, etc.

SIGNE CONVENTIONNELS.

Les signes conventionnels en usage dans les cartes topographiques sont de quatre sortes : ceux relatifs aux voies de communication (routes, chemins, voies ferrées), ceux qui ont trait aux eaux (mers, fleuves, rivières, étangs, ponts, etc.), ceux qui se rapportent aux objets du sol (maisons, murs, bois, jardins, etc.) et les signes administratifs. Les tableaux qui suivent donnent, le dessin de ces différents genres de signes : *voies de communication ; eaux ; objets du sol ; signes administratifs.*

PRINCIPALES ABRÉVIATIONS USITÉES EN TOPOGRAPHIE.

A.

Anc. Anc^n.	Ancien.
Aq^{uc}.	Aqueduc.
Aub^{ge}.	Auberge.

B.

B^{que}.	Baraque.
Briq^{ie}.	Briqueterie.
B^{te}.	Butte.

C.

C^{al}.	Canal.
Carr^e.	Carrière.
Carref^r.	Carrefour.
Ch^{au}.	Château.
Ch^{in}.	Chemin.
Cim^{re}.	Cimetière.
Cit^{lle}.	Citadelle.
C^{on}.	Canton.
C^{ne}.	Commune.
Comm^{al}.	Communal.

D.

Dép^{le}.	Départementale.
Dig.	Digue.

E.

E.	Est.
Eg^{se}.	Église.
Embr^{re}.	Embarcadère.
E. Min.	Eau minérale.
Et^g.	Étang.

F.

Fab^e.	Fabrique.
Faub^g.	Faubourg.
F^{ge}.	Forge.
F. L.	Fleuve.
F^{me}.	Ferme.
F^{rie}.	Fonderie.
F^t.	Fort.

G.

G^d.	Grand.

LES EAUX
COMMUNICATIONS
ÉTANG
CANAL
ÉCLUSE
ROUTE NATIONALE
ROUTE DÉP.le
RIVIÈRE
RUISSEAU
ILE
CHEMIN VICINAL
CHEMIN D'EXPLOITATION
SENTIER
TERTRE
CARRIÈRE
ROUTE EN CHAUSSÉE
ROUTE ENCAISSÉE
PASSERELLE
BAC
GUÉ
PONT DE BATEAUX
PONT DE PIERRE
CHEMIN DE FER A DEUX VOIES
PASSAGE A NIVEAU
DESSOUS
PONTS
DESSUS
STATION

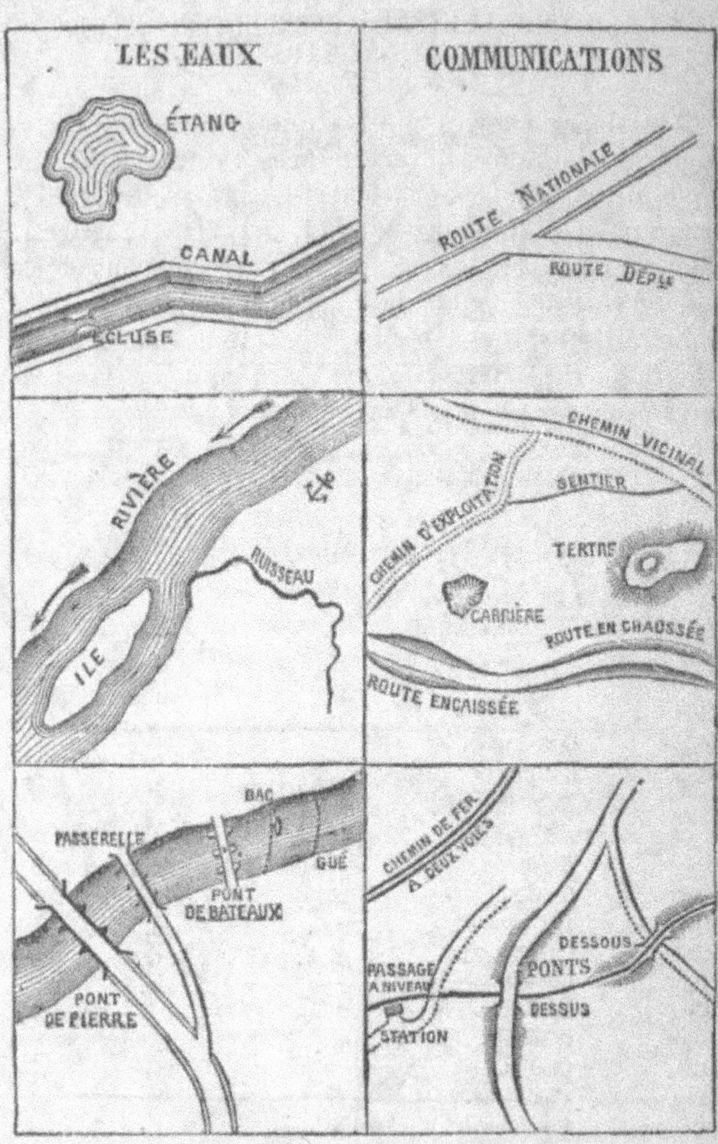

Fig. 6.

NATURE DU SOL. CULTURE
CONSTRUCTIONS CLOTURES
ROCHERS
MAISON ISOLÉE
FERME
MARAIS
CHATEAU
MOULIN A VENT
MOULIN A EAU
USINE
FRICHES
PARC
CLOTURES EN TERRE
HAIES
VIGNES
VERGERS
JARDIN
BOIS
B
T.L
BOIS
T.L
T.L
BOIS
PRE
VILLAGE

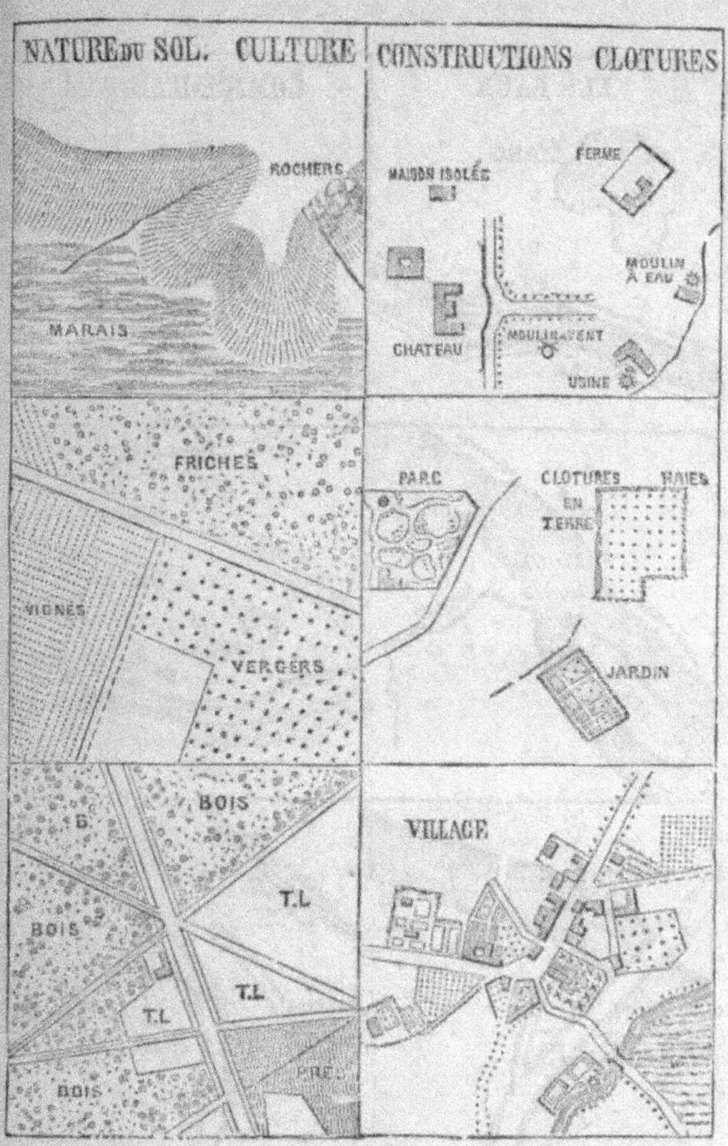

Fig. 7.

3

G^ge.	Grange.	Ph.	Phare.
Gl^er.	Glacier.	Pond^ie.	Poudrerie.
H.		P^t. Pet.	Petit.
H^au.	Hameau.	P^t.	Pont.
H^t.	Haut.	P^te.	Poste.
I.		**Q.**	
I.	Ile.	Q^r.	Quartier.
Imp^le.	Impériale.	**R.**	
L.		R.	Rue.
L.	Lac.	R. R^au.	Ruisseau.
Lag.	Lagune.	Red. Red^te.	Redoute.
Lat.	Latitude.	Riv^re.	Rivière.
Long.	Longitude.	R^ne.	Ruine.
M.		R^te.	Route.
Mal^rie.	Maladrerie.	**S.**	
Manuf^re.	Manufacture.	S.	Sud.
Mét^ie.	Métairie.	S^al.	Signal.
M^gne.	Montagne.	S. E.	Sud-Est.
M^in.	Moulin.	S. O.	Sud-Ouest.
M^on.	Maison.	Som^t.	Sommet.
M^s.	Marais.	S. P.	Sous-Préfecture.
M^t.	Mont.	S^t.	Saint.
N.		S^te.	Sainte.
N.	Nord.	St^on. Stat^on.	Station.
Nat^le.	Nationale.	**T.**	
N^au.	Nouveau.	Téleg^e.	Télégraphe.
N. E.	Nord-Est.	T^r.	Tour.
N^le.	Nouvelle.	Tuil^ie.	Tuilerie.
N. O.	Nord-Ouest.	**U.**	
O.		Us^ne.	Usine.
O.	Ouest.	**V.**	
P.		V^ée.	Vallée.
P.	Pic.	V^lle.	Vieille.
P. F.	Préfecture.	V^rie. V^ie.	Verrerie.
P^ge.	Passage.	V^x.	Vieux.

TEINTES CONVENTIONNELLES.

Sur les cartes coloriées, les signes conventionnels sont remplacés, en partie, par des teintes qui en tiennent lieu, teintes de convention comme ces signes et nommées, pour cette raison, *conventionnelles*. Nous indiquerons quelles sont celles en usage le plus souvent :

Terres cultivées. Elles sont laissées blanches ou couvertes d'une teinte légère d'orange un peu terne, composée de carmin, de gomme-gutte et d'encre de Chine.

Vignes. Elles sont représentées par une teinte violacée : gomme-gutte, carmin, encre de Chine et un peu d'indigo.

Prairies. Leur teinte est vert-clair; gomme-gutte et indigo.

Vergers; à peu près la même teinte que les prairies, mais plus légère et plus bleuâtre.

Friches; teintes panachées de vert pistache : gomme-gutte et indigo, et d'oranger : gomme-gutte et carmin.

Bois, forêts; leur teinte est jaunâtre et plate : gomme-gutte, avec une faible quantité d'indigo.

Broussailles; teinte panachée de jaune : gomme-gutte et indigo, et de vert léger : gomme-gutte et fort peu d'indigo.

Landes; teinte aurore : gomme-gutte et carmin, et vert-olive : gomme-gutte et indigo.

Bruyères; teinte panachée de vert et de rose : le vert des prés et le carmin faible.

Sables; jaune rougeâtre : carmin et gomme-gutte.

Vase; teinte couleur d'ardoise : gomme-gutte, encre de Chine, un peu de carmin et d'indigo.

Marais; vert d'herbe et bleu léger; même vert que pour les prairies, indigo léger.

Étangs, cours d'eau ; bleu léger. Les étangs sont teintés horizontalement; les cours d'eau le sont dans le sens parallèle à leurs rives.

Mers; vert d'eau : indigo et une faible quantité de gomme-gutte.

Bâtiments ; carmin pur.

Remarques. — Les traits représentant des objets en relief, en saillie, doivent être accentués à droite et en bas; ceux qui figurent des objets en creux, tels que les rivières, la mer, les étangs, les lacs, seront forcés du côté opposé, à gauche et en haut, par conséquent, comme le montre le tableau des teintes conventionnelles.

Au $\dfrac{1}{80000}$ les signes conventionnels sont absolument les mêmes qu'au $\dfrac{1}{20000}$, avec cette différence que les routes nationales n'y sont figurées que par deux traits, l'un fort, l'autre plus fin. Ces routes sont toujours plus larges, sur le dessin à cette échelle, qu'elles ne le sont réellement; car la distance qui sépare ces deux traits ne serait, si l'on n'opérait pas ainsi, que de $\dfrac{1}{4}$ de millimètre; elles seraient donc à peine distinctes, malgré leur importance.

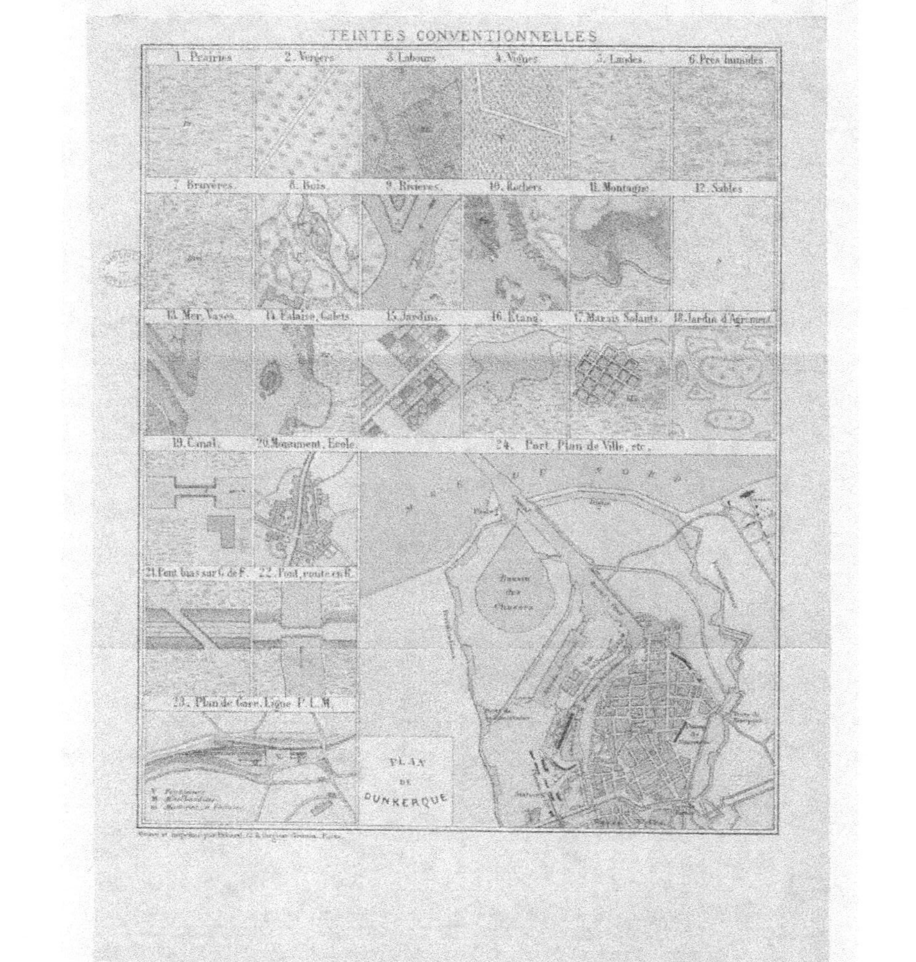

TEINTES CONVENTIONNELLES
1. Prairies.
2. Vergers.
3. Labours.
4. Vignes.
5. Landes.
6. Prés humides.
7. Bruyères.
8. Bois.
9. Rivières.
10. Rochers.
11. Montagne.
12. Sables.
13. Mer, Vases.
14. Falaise, Galets.
15. Jardins.
16. Étang.
17. Marais Salants.
18. Jardin d'Agrément.
19. Canal.
20. Monument, École.
24. Fort, Plan de Ville, etc.
21. Pont bas sur C. de F.
22. Pont, route en R.
23. Plan de Gare, Ligne P. L. M.
PLAN DE DUNKERQUE

ÉCRITURES.

La grandeur des écritures, comme nous l'avons dit précédemment, est relativement proportionnelle à l'importance des objets à signaler et à l'échelle du dessin.

Les écritures sont placées parallèlement au bord inférieur du cadre; celles qui désignent les ruisseaux, les rivières, les routes, suivent la direction des lignes qui les représentent.

Il y a cinq sortes d'écritures :

> Les capitales droites,
> Les capitales penchées,
> Les romaines droites,
> Les romaines penchées,
> Les italiques.

Les mots suivants sont écrits avec les caractères qu'ils désignent :

1° CAPITALES DROITES ;

2° *CAPITALES PENCHÉES;*

3° Romaines droites;

4° *Romaines penchées ;*

5° *Italiques.*

NIVELLEMENT.

Le terrain offre rarement l'image d'une plaine parfaite; il contient des creux ou des bosses qui en détruisent l'uniformité. Ces creux ou ces bosses qu'on nomme mouvements, ou accidents de terrain, suivant leur importance, ont des formes variables parfaitement définies que nous étudierons plus loin.

L'effet du *nivellement* est d'étudier ces différentes formes qu'affecte le terrain et de les représenter sur le papier. — Avant d'aborder cette étude, il est utile de donner quelques notions préliminaires.

PROJECTION D'UN POINT, D'UNE LIGNE, D'UN PLAN.

La projection d'un point A sur un plan horizontal HH' est le pied a de la verticale Aa abaissée du point A sur ce plan (fig. 8).

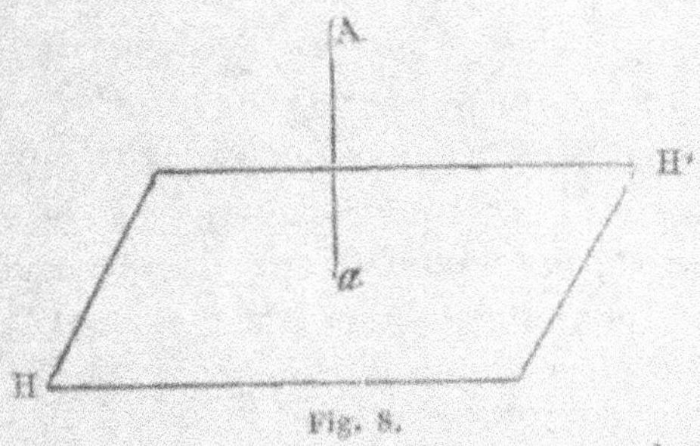

Fig. 8.

La projection ab d'une ligne AB (fig. 9) est la pro-

jection de tous les points de cette ligne sur le plan HH';
pour l'obtenir, il suffit d'avoir celle de deux de ses points
a et *b*, la ligne qui les unit est la projection de A B.

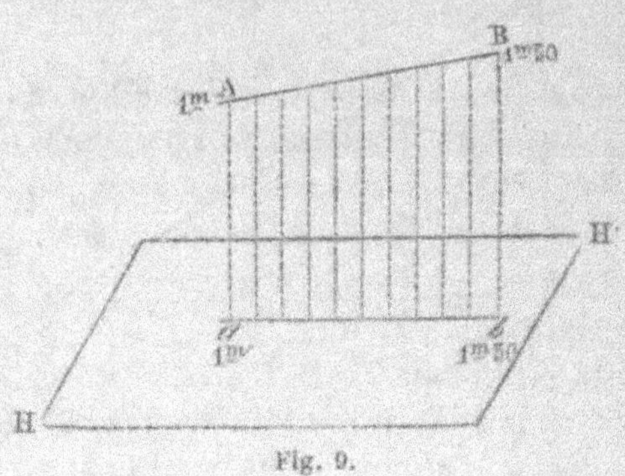

Fig. 9.

Le nombre que mesure la verticale A *a* s'appelle la
cote du point A. Elle s'inscrit à côté de sa projection.
Ainsi le chiffre 1 signifie que le point A est à 1 mèt.
au-dessus du plan de projection HH'.

Afin que tous les points, même les plus bas, puissent
se trouver au-dessus du plan de repère, on a été con-
duit à prendre le niveau de la mer pour plan de projection; ce niveau est supposé prolongé indéfiniment
sous les terres. On néglige la courbure de la terre, car
les surfaces sur lesquelles on opère sont suffisamment
restreintes pour les considérer comme planes. La hauteur des différents points du sol au-dessus du niveau
de la mer se nomme *altitude*. Les mots cote et altitude
s'emploient souvent l'un pour l'autre. Les chiffres ins-
crits sur la carte d'état-major sont les altitudes des
points près desquels ils se trouvent. Si on veut savoir
de combien un point est au-dessus ou au-dessous d'un

autre, on fait la différence de leurs cotes; le nombre obtenu se nomme leur *différence de niveau.*

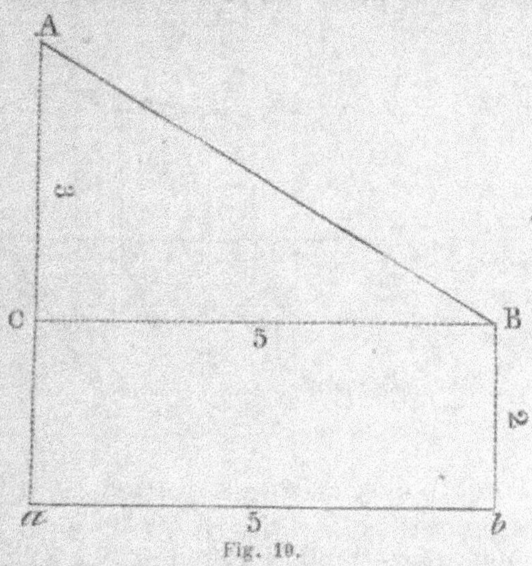

Fig. 10.

Pente d'une ligne. — La pente d'une ligne AB (fig. 10) est l'angle que fait cette ligne avec sa projection *ab* sur le plan horizontal.

On peut dire, connaissant une pente, quelle est la quantité dont on est descendu quand on a parcouru une certaine distance horizontale.

Soient B $= 0^m$, AC $= 3^m$ et CB $= 5^m$. Pour aller de A en B on est descendu de 3^m, pendant qu'on a parcouru une distance horizontale de 5^m. La pente est de 3^m sur 5 mètres. Dans ce cas, on exprime la pente par une fraction $\frac{3}{5}$ qui a pour numérateur la différence de niveau entre les deux points et pour dénominateur leur distance horizontale.

Pente d'un plan. — La pente d'un plan est l'inclinaison de ce plan sur un plan horizontal. Elle est mesurée par l'angle que fait la ligne de plus grande pente du plan avec sa projection.

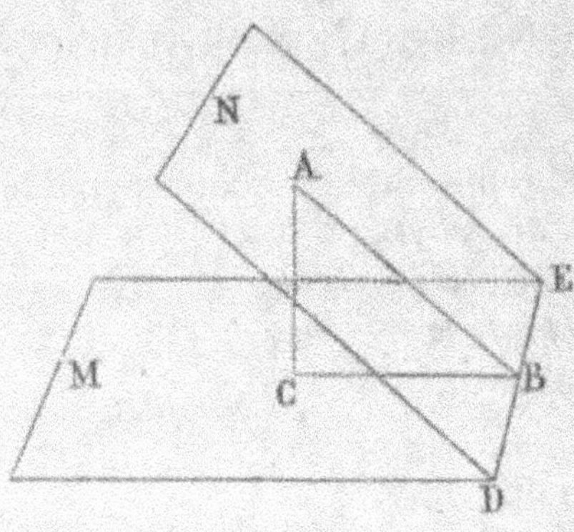

Fig. 11.

On nomme ligne de plus grande pente d'un plan, la ligne qui a la pente la plus raide ; cette ligne est perpendiculaire aux horizontales du plan, et sa projection est elle-même perpendiculaire aux projections des horizontales.

Ainsi, la pente du plan N (fig. 11) est l'angle que fait la ligne AB, ligne de plus grande pente de ce plan, avec sa projection BC sur le plan horizontal M.

MODES

DE REPRÉSENTATION DU TERRAIN.

Le terrain est représenté de quatre manières :
1° Au moyen de *reliefs ;*
2° Au moyen de *cotes seules ;*
3° Par les *courbes horizontales ;*
4° Par des *hachures.*

1° Au moyen de *reliefs.*

Les plans-reliefs sont la reproduction en bois, en plâtre, en cire ou en terre glaise des mouvements de terrain tels qu'ils existent dans la nature, mais dans une proportion réduite. Il n'est pas toujours facile, à un commençant surtout, de se faire une idée du terrain à la simple vue d'une carte ; le plan-relief au contraire lui parle aux yeux, et par des exercices de comparaison de ses formes avec leur représentation sur le papier, il arrivera très vite à se figurer, d'un coup d'œil jeté sur la carte, les divers mouvements qu'elle représente.

Les reliefs sont peu portatifs à cause de leur poids et de leur volume ; nous les recommandons principalement comme moyen d'étude, et il serait utile d'en avoir un dans chaque classe.

2° *Méthode des cotes seules.* — Si à côté des projections d'un certain nombre de points du plan topographique, on inscrivait les cotes, on pourrait jusqu'à un certain point, en comparant ces cotes entre elles, voir les points les plus élevés ou les points les plus bas et se faire par suite une idée des formes du terrain ; mais on comprend aussi que pour avoir de cette manière des renseignements assez complets, il faudra les cotes d'un grand nombre de points et écrire sur le plan beaucoup de chiffres les uns à côté des autres ; de là une grande confusion dans le dessin et dans la lecture de la carte.

3° *Courbes horizontales*. — Soit un terrain de même forme que celui représenté par la fig. 12 ; supposons que ce terrain soit complètement inondé, puis que l'eau, s'abaissant graduellement, séjourne à des hauteurs différentes ; nous verrons qu'aux endroits où l'eau se sera arrêtée, elle aura laissé une trace qui suit parfaitement les inflexions du mouvement. Si nous reproduisons chacune de ces traces nous aurons la forme du terrain à ces différentes hauteurs.

Voyons ce fait sur la fig. 12. Lorsque le niveau de l'eau était en D, il laissait apparaître le sommet le plus élevé et formait autour de lui un petit cercle dont tous les points sont à la même hauteur ; on le nomme pour cette raison *courbe de niveau*.

L'eau étant descendue en C, y a formé un nouveau cercle plus grand que le premier.

L'eau baissant toujours découvrira les autres sommets et nous donnera des courbes analogues.

Si nous projetons toutes ces courbes sur le plan de la

plus basse, elles s'y trouveront en vraie grandeur, puisqu'elles sont toutes horizontales ; nous aurons ainsi une

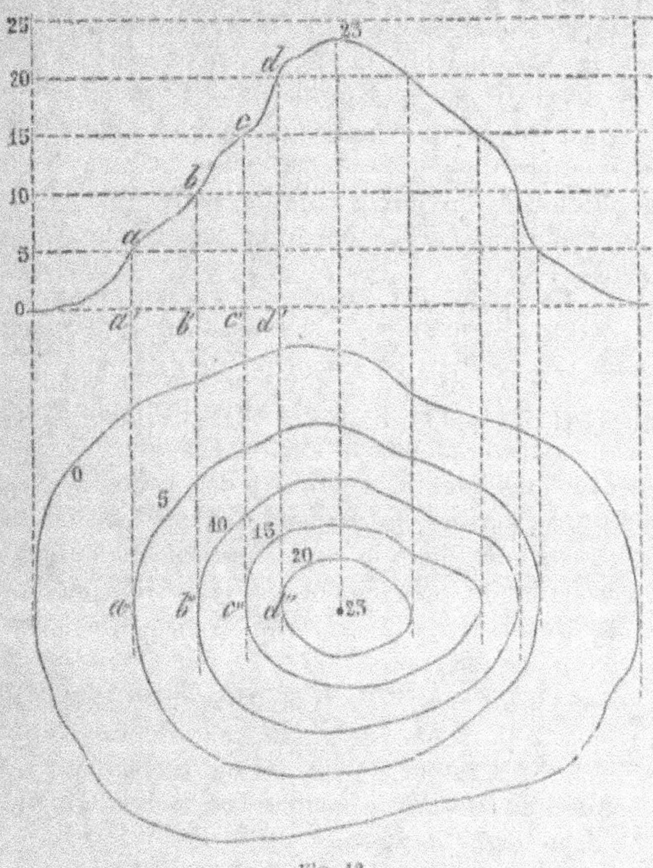

Fig. 12.

série de courbes qui nous donnent assez bien une idée
des formes de notre mouvement.

Pour obtenir les projections de ces courbes, nous

n'aurons qu'à abaisser des verticales de plusieurs de leurs points et à joindre les pieds par un trait continu.

Au lieu de supposer une inondation, nous pouvons nous imaginer que le terrain soit coupé par des plans horizontaux; les sections obtenues seront les mêmes puisque la mer n'était autre chose qu'un plan horizontal.

Nous verrons les avantages que procure cette manière de représenter un terrain.

Avantages des courbes horizontales. — Supposez un plan où soient inscrites les cotes d'un grand nombre de points, très rapprochés les uns des autres, et joignez par un trait continu les points qui ont la même cote, soit la cote 10, vous obtiendrez ainsi une ligne courbe qui sera horizontale puisque tous les points sont également distants du plan de repère qui est lui-même horizontal. Cette courbe indiquera par ses inflexions les sinuosités du terrain à 10^m de hauteur exactement de la même manière que l'auraient fait les bords de la mer si son niveau s'était élevé de 10 mètres.

Tous les points de la courbe étant à 10 mètres de hauteur, il suffira d'écrire une fois la cote 10 pour avoir de suite la cote de tous les autres points de la courbe puisqu'ils ont tous la même.

De là l'avantage d'une grande simplification dans les écritures du dessin.

Si maintenant on opère de la même manière pour les points ayant pour cote 20, 75, 100, etc., on obtiendra d'autres courbes horizontales qui dessineront les sinuosités du terrain à 10, 75, 100, au-dessus du niveau de la première.

L'ensemble de ces courbes donnera une idée beaucoup plus nette et plus prompte des formes du terrain.

Courbes équidistantes. — Pour pouvoir apprécier les différences de pente à la simple inspection des courbes on a fait choix de courbes équidistantes. La différence de niveau entre toutes les courbes étant la même, si deux courbes se rapprochent c'est que la pente augmente, puisqu'on s'élève de la même quantité pour une distance horizontale plus petite.

Pour que la même pente, représentée à deux échelles différentes offre le même aspect, il faut qu'aux deux échelles les courbes soient espacées de la même manière. Cela ne pourrait pas être si on conservait la même équidistance. L'échelle du $\frac{1}{20000}$ étant deux fois plus petite que celle du $\frac{1}{10000}$, les courbes d'une carte faite au $\frac{1}{20000}$ seraient deux fois plus rapprochées. Pour qu'elles conservent le même écartement, il faut supprimer une courbe sur deux, c'est-à-dire doubler l'équidistance. — L'équidistance étant de $2^m,50$ au $\frac{1}{10000}$ sera de 5 mètres au $\frac{1}{20000}$, de 10 mètres au $\frac{1}{40000}$ etc.. Si nous réduisons l'équidistance à l'échelle de la carte, c'est-à-dire si nous divisons 2 mètres 50, 5 mètres, 10 mètres, par les dénominateurs 10000, 20000, 40000 des échelles correspondantes, nous obtiendrons un quotient constant qui est de 0,00025 ou *un quart de millimètre*. Cela nous montre que l'équidistance réduite à l'échelle, ou *équidistance graphique*, comme on l'appelle, doit être constante et égale à un quart de millimètre.

Représentons par E l'équidistance naturelle, par M le dénominateur de l'échelle et e l'équidistance graphique, on aura :

$$e = \frac{E}{M}$$

Inversement :

$$E = e \times M.$$

Connaissant l'équidistance graphique et l'échelle.

Équidistance graphique constante. — Afin de pouvoir comparer les pentes sur deux plans à des échelles différentes, on a admis une équidistance graphique invariable. Voici les considérations sur lesquelles on s'est basé.

Soient deux points a et b d'un plan à l'échelle $\frac{1}{10000}$ qui aient une différence de niveau égale à 20^m avec une équidistance naturelle de 5 ; il y aura cinq courbes de a en b. Soit sur une autre carte du même terrain à l'échelle de $\frac{1}{20000}$ une ligne $a'b'$ homologue de ab, $a'b'$ étant moitié de $a\,b$, chaque division de $a'b'$ sera moitié de celles de $a\,b$; il semblera donc que la pente sera double dans la deuxième carte de celle de la première, ce qui est contraire à la vérité, puisque c'est le même terrain.

Pour faire disparaître cette anomalie, il suffit évidemment d'effacer une courbe sur deux sur $a'b'$, mais alors ces courbes sont à 10^m au lieu de 5 mètres de distance.

On voit donc que pour obtenir une comparaison facile entre deux plans à diverses échelles, il a fallu faire varier en sens inverse de l'échelle, l'équidistance naturelle, ce qui entraîne forcément la constance dans l'équidistance graphique.

En effet, nous savons que l'équidistance graphique est égale à $\dfrac{\text{l'équidistance naturelle E}}{\text{le dénominateur de l'échelle M}}$; $e = \dfrac{E}{M}$; diminuons l'échelle de moitié, ce qui revient à multiplier le dénominateur par 2 et doublons de même l'équidistance naturelle en la multipliant par 2, on aura :

$$e = \frac{E \times 2}{M \times 2} = \frac{E}{M}.$$

Valeur de l'équidistance graphique. — On est convenu de donner à l'équidistance graphique la valeur 0,0005. Dès lors, d'après ce que nous avons vu, l'équidistance naturelle sera différente pour chaque échelle et calculée par l'égalité :

$$E = 0,0005 \times M.$$

Soit à trouver l'équidistance pour l'échelle du $\dfrac{1}{40000}$, on aura :

$$E = 0,0005 \times 40000 = 20^m.$$

Comme moyen mnémonique de trouver l'équidistance naturelle à une échelle quelconque, il suffit de prendre la moitié du nombre de 1,000 du dénominateur de l'échelle : il représente l'équidistance.

Tableau des équidistances naturelles. — Le tableau suivant contient les valeurs des équidistances naturelles suivant les diverses échelles les plus employées :

M.	E.	e
5000	$2^m,50$	
10000	$5^m,00$	
20000	$10^m,00$	0,0005
40000	$20^m,00$	
80000	$40^m,00$	

Il faut bien nous souvenir que l'équidistance graphique est constante et l'équidistance naturelle variable avec l'échelle et qu'on s'est soumis à cette condition afin que, sur *des cartes d'échelles différentes*, *les courbes également écartées représentent des pentes égales.*

Et, en effet, il en est ainsi. Soient deux courbes également écartées sur une carte à l'échelle de $\dfrac{1}{10000}$ et

sur une autre carte à l'échelle de $\dfrac{1}{20000}$.

Menons les normales aux courbes, ab, $a'b'$ et construisons à une échelle quelconque le triangle naturel de pente. Soit $ab = 50^m$.

Portons sur une ligne ab représentant 50^m; élevons une perpendiculaire au point a sur laquelle nous prendrons 5^m, hauteur du point A.

A ab représentera le triangle de la nature et l'angle A ba sera la pente. Les lignes ab, $a'b'$ du plan ne représentant pas des longueurs égales, puisque les échelles sont différentes, ab valant 50^m, ab' valant 100^m, prenons $ab' = 100^m$ et sur la perpendiculaire l'équidistance naturelle de l'échelle qui est de 10^m, nous avons alors le triangle $A'ab'$, qui représente le triangle de la nature et

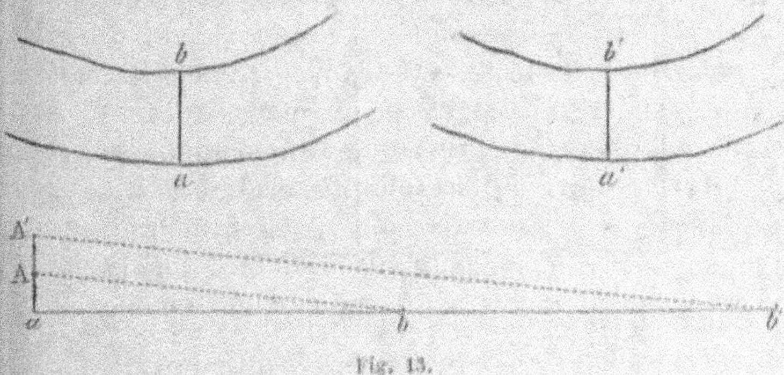

Fig. 13.

la pente. En consultant la figure on voit que les pentes sont bien égales, puisque les droites ab' et aA' sont divisées dans un même rapport, les lignes Ab, $A'b'$ sont parallèles et l'angle $Aba = A'b'a$ comme correspondants.

Lorsqu'un terrain a une pente très raide, on conçoit que les courbes seraient très rapprochées et pourraient même se confondre ; pour éviter cette confusion, on prend une équidistance plus grande que celle que comporte l'échelle.

Pour un terrain très plat, au contraire, et afin d'avoir plus d'exactitude, on diminue l'équidistance, ce qui permet d'avoir un plus grand nombre de courbes.

C'est ce qui a lieu pour la carte d'état-major où l'équidistance est de 0,00025.

Remarque. — Dans certaines cartes, pour mieux faire apprécier le relief du terrain, quelques courbes sont marquées par des traits plus forts de 4 en 4 ou de 5 en 5. On les nomme *courbes maîtresses.* — Si entre deux courbes il y a un changement de pente utile à apprécier, on trace une courbe intermédiaire en pointillés.

4° *Hachures.* — Comme nous venons de le voir, les courbes de niveau suffisent pour représenter le terrain d'une manière exacte et en marquer les formes par leurs inflexions. Mais sans un levé topographique, surtout lorsque les courbes sont très écartées, elles parlent mal aux yeux ou du moins d'une manière insuffisante : on a alors recours aux hachures. Une hachure n'est autre chose que la projection d'une ligne de plus grande pente.

Faisons voir que les hachures sont des lignes de plus grande pente.

Soient deux courbes 15, 10, menons la ligne *ac* quelconque entre deux courbes. La ligne *ac* est $>$ AB, puisque *ab* est une perpendiculaire et *ac* une oblique.

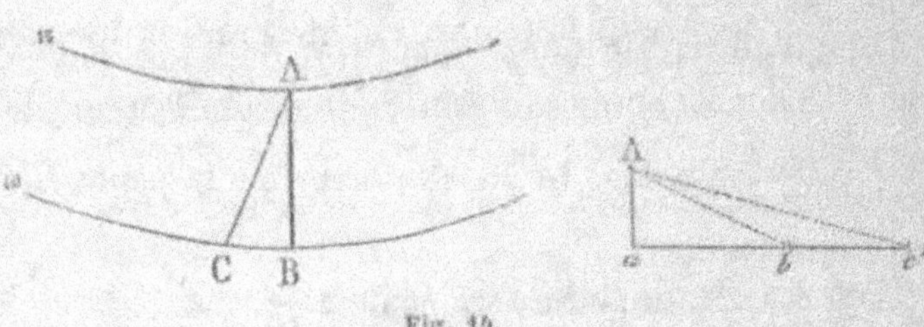

Fig. 14.

Rabattons le triangle de pente pour AB, ce sera A *ab*. Construisons également le triangle de pente pour AC, mais en le ramenant sur le premier, le point *c* viendra au delà de *b* en *c'*, la position du point A ne bouge pas et on a le triangle A*c'a*. Il est dès lors évident que la pente de la hachure est plus grande que celle d'une ligne quelconque.

Les hachures sont donc des lignes de plus grande pente ou du moins leur projection.

Les hachures ne sont pas forcément des lignes droites, elles seront presque toujours plus ou moins infléchies; elles ne peuvent être droites qu'autant que les courbes sont des arcs de cercle concentriques.

De l'inspection de la carte en hachures, déduire la pente du terrain. — D'après ce que nous avons vu, si nous considérons le triangle de pente réduit à l'échelle, nous remarquerons que aA $=$ l'équidistance graphique e, que $ab =$ longueur de la hachure h, et que la pente est le rapport de ces deux quantités.

On a donc :

$$\frac{e}{h} = \text{pente ou } \frac{0,0005}{4} = \text{pente.}$$

$$\frac{1}{2} \times \frac{1}{4} \text{ c'est-à-dire } \frac{1}{2h} = \text{pente.}$$

Donc, pour avoir la pente, on mesurera la longueur de la hachure et on multipliera le dénominateur de $\frac{1}{2}$ par cette longueur. Le résultat exprime la pente cherchée.

Soit $h = 8$, la pente sera égale à $\frac{1}{10}$.

PENTES LIMITES.

Largeur de la hachure.

Pour piéton $\frac{3}{5}$	$\frac{5}{12}$		$\frac{5}{6}$ m^m,	
Pour cavalier $\frac{1}{2}$	$\frac{1}{2}$ m^m	équidist. 0,00025	1 —	équidist. 0,0005
Pour mulet $\frac{55}{100}$	$\frac{10}{22}$		$\frac{10}{11}$ —	
Pour voiture enrayée $\frac{1}{7}$	1 m^m,75		3 m^m,15	
Pour voiture non enrayée $\frac{1}{16}$	4 m^m		8 m^m	

ÉTUDE DES MOUVEMENTS DU TERRAIN.

Vous savez tous ce que c'est qu'une chaîne de montagnes, mais vous n'avez peut-être pas remarqué les formes qu'affectent leurs ramifications, formes invariables que nous retrouvons partout dans la nature, même dans les moindres mouvements de terrain. Nous allons examiner l'aspect général d'une chaîne de montagnes; il vous sera ensuite aisé de vous faire une idée en petit de ces mêmes formes.

Supposons-nous donc placés sur la partie la plus élevée d'une série de hauteurs; nous voyons d'abord que la chaîne partage le terrain en deux parties bien distinctes qui se nomment *bassins;* de plus, de chaque côté le terrain s'abaisse et vient mourir en pente douce: les deux pentes se nomment *versants* et leur intersection se nomme *ligne de partage des eaux.*

De chacun de ces versants se détachent une série de hauteurs plus petites que celles de la chaîne; elles se nomment *contre-forts,* leur direction est perpendiculaire à la chaîne, l'intersection de leurs versants est dite *ligne de faîte* et leur extrémité s'appelle *croupe.*

La *croupe* est en quelque sorte formée par deux plans qui se raccordent avec les versants du contre-fort et se coupent suivant une ligne émoussée qu'on appelle *arête.*

Lorsque deux contreforts sont assez rapprochés, leurs versants se dirigeant en pente l'un vers l'autre et finissant par se rencontrer pour former une *vallée,* leur intersection se nomme *thalweg*, les deux versants prennent alors le nom de *flancs* ou *berges*.

La partie de la vallée la plus rapprochée de la chaine se nomme *tête de la vallée*, c'est dans cette partie que prennent naissance les ruisseaux. Le thalweg est généralement marqué par un cours d'eau.

La vallée prend différents noms suivant sa largeur. Si elle est étroite, elle prend le nom de *val*.

Si ses flancs sont peu élevés, c'est un *vallon*. Si au contraire les flancs sont assez élevés et rapprochés, ils forment une *gorge* ; si la tête de la vallée est en outre inaccessible, la gorge devient un *ravin*.

Si nous examinons maintenant la ligne de faîte de la chaine, elle présente des découpures entre lesquelles se trouvent une suite de sommets.

Les découpures, qui ont une grande importance, puisqu'elles permettent le passage d'une vallée dans une autre, se nomment *cols*. Remarquons en passant que le col est la réunion de deux vallées par leur *tête*.

Les sommets prennent des noms différents : *pic*, *aiguille*, *corne*, *dent*, *tour*, suivant qu'ils ont une forme pyramidale, conique ou cylindrique. Si la forme est arrondie, c'est un *ballon*. Un *mamelon* est une hauteur isolée de forme variable, d'une assez grande étendue.

Il se détache encore des contreforts d'autres *rameaux* plus petits qui forment des mouvements du terrain identiquement semblables à ceux formés par les contre-forts, ces rameaux ont eux-mêmes des ramifications de plus en plus petites. Lorsque ces accidents de terrain arrivent à être très faibles, on les nomme *ondulations* ou plis de terrain.

REPRÉSENTATION

DES MOUVEMENTS ÉLÉMENTAIRES DU SOL.

Étudions maintenant en détail les mouvements que nous venons de voir et cherchons à les représenter par la méthode des courbes.

Croupe. — Prenons un livre, entr'ouvrons-le et plaçons-le sur une table le dos en dessus (fig. 15 et 16). Les deux côtés de la couverture représenteront les deux versants, le dos A B la ligne de faîte. Si nous raccordons maintenant la couverture du côté E A C par une surface conique (prenons une feuille de papier, par exemple), nous aurons l'image d'une croupe, la ligne A R sera l'arête. Coupons maintenant la figure ainsi obtenue par deux traits horizontaux dont nous marquerons les traces sur le livre, nous aurons des sections telles que S S' ; si nous les projetons sur la table nous aurons deux courbes S S', la courbe S' supérieure à la courbe S se projettera dans l'intérieur de cette dernière puisque la largeur de notre livre va en diminuant. Reportant sur une feuille de papier en dimensions plus petites les courbes ainsi obtenues, nous aurons à peu près le dessin d'une croupe telle qu'on la représente en topographie.

Dans la nature, où les arêtes sont moins vives, car elles sont émoussées par les divers phénomènes atmosphériques, on aurait une figure dans laquelle la première courbe 10 située à 10^m du sol serait analogue à la courbe S.

Nous pouvons dire maintenant que la croupe est un

mouvement convexe du sol. Elle est représentée sur la carte par des courbes non fermées, les cotes croissant de l'enveloppante à l'enveloppée. L'arête A B perpendiculaire aux courbes et passant par les points où elles changent de direction est la ligne de faîte. Lorsqu'on est au sommet B de la croupe, la ligne de faîte est celle qui, pour descendre, a la pente la plus douce.

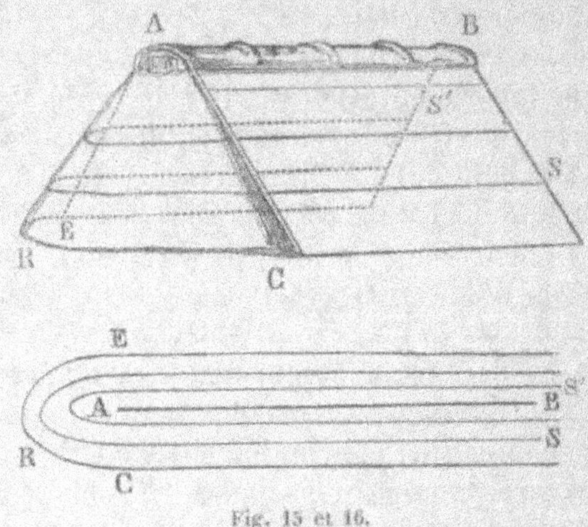

Fig. 15 et 16.

Si on est au pied A, au contraire, c'est elle qui est, pour monter, la pente la plus raide. Cette remarque peut servir à la trouver sur le terrain. En jetant les yeux sur la carte, nous en voyons une à gauche de *Sannois*, près du point coté 68.

Vallée. — C'est un mouvement concave du sol représenté par des courbes non fermées, les cotes allant en décroissant de l'enveloppante à l'enveloppée; A B est le thalweg, généralement marqué, comme nous l'avons dit, par un cours d'eau.

Toute ligne menée du sommet A au fond de la vallée est plus longue et a une pente moins raide que le thalweg.

Pour monter au contraire de B en A (fig. 17), c'est le thalweg qui est la ligne la plus longue, mais qui a la pente la plus douce. Comment comprendre qu'une ligne puisse

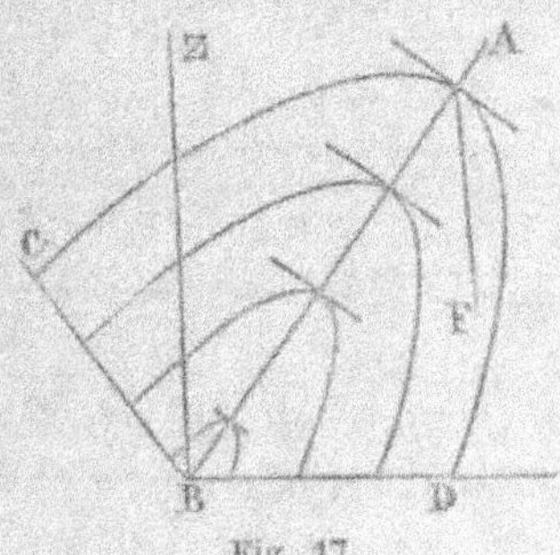

Fig. 17.

avoir à fois la pente la plus douce et la plus raide ? nous ferons remarquer que les lignes avec lesquelles on les compare ne sont plus les mêmes dans les deux cas.

Retournons le livre sens dessus dessous et fermons comme plus haut une des extrémités, les deux côtés formeront les versants, le dos placé sur la table sera le thalweg, la partie AEC, la tête de la vallée. Faisons deux sections S, S', analogues à celles que nous avons faites pour la croupe et traçons les courbes qu'elles déterminent. Si nous les projetons sur la table, nous verrons que la courbe la plus basse qui était extérieure dans la croupe est devenue intérieure dans la vallée, nous aurons ainsi sur le plan trois courbes dont la plus élevée est enveloppante et les deux autres intérieures, d'autant plus resserrées qu'elles seront plus basses.

La croupe réelle du terrain serait représentée comme dans la figure.

Nous la définirons en topographie : Mouvement concave représenté par des courbes non fermées dont les cotes iront en décroissant de la courbe enveloppante à la courbe enveloppée ; le thalweg A B est, comme nous l'avons dit, généralement marqué par un cours d'eau.

Toute ligne menée du sommet A dans le fond de la vallée est plus longue et a une pente moins raide que le thalweg.

Au contraire, pour monter de B vers A c'est le thalweg qui est la ligne la plus longue, mais la pente la plus douce.

Succession de croupes et de vallées. — Nous en avons vu l'image dans l'étude de la chaîne de montagnes lorsque deux contreforts voisins formaient une vallée.

Leur représentation en plan ne sera donc autre chose que la réunion des courbes de même cote de deux croupes voisines.

Le terrain situé au nord et au sud des bois des *Monts-Frais* nous offre cette série de mouvements. La route venant de *Franconville* se bifurque en deux chemins qui suivent les thalwegs de deux vallées séparées par une croupe.

Col. — Comme nous l'avons vu, le col est un point de passage entre deux hauteurs.

Soit le mouvement de terrain DABE (fig. 18) dont la ligne de faîte s'abaisse en C. Si nous voulons aller d'un versant dans l'autre, nous voyons à la simple inspection de la figure que le chemin le plus court sera de suivre la ligne EC et de passer par la dépression ; on aura moins à

descendre que si on prenait une autre route telle que E B
par exemple. Le col est donc une dépression dans la
ligne de faîte; à cette dépression prennent souvent naissance deux vallées dirigées en sens inverse; nous en voyons une sur le versant situé de notre côté dont le thalweg

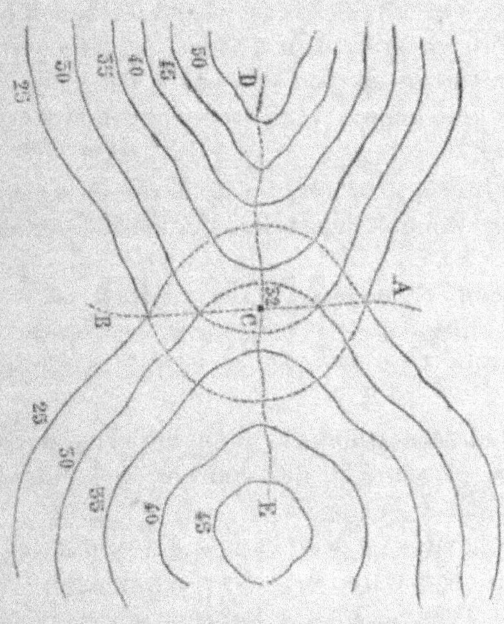

Fig. 18.

est en BC. C'est le point le plus haut de deux vallées,
le point le plus bas de la ligne de faîte. Le col est assez
bien représenté par la figure que forment à leur naissance deux doigts voisins quand la main est fermée, par
une selle, une gourde coupée dans sa longueur. Son
sommet est une surface sensiblement plane qui est

limitée sur les cartes par un petit quadrilatère curviligne.

Représentons-le au moyen de courbes. Les plans horizontaux équidistants nous donneront des sections telles que les courbes 25, 30, 35, 40 (fig. 19). Le col se

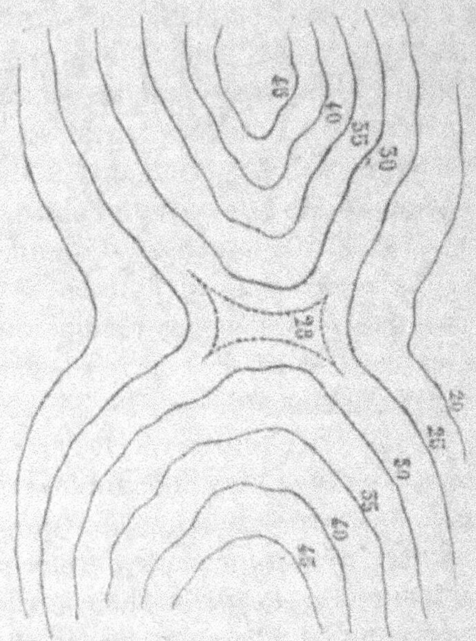

Fig. 19.

trouve être ainsi le point le plus bas de la ligne de faîte DE et le plus haut du thalweg AB (fig. 18).

Nous en voyons un exemple sur la carte au point 132, près de *l'Ermitage*. Le terrain descend depuis le bois des *Monts-Frais* jusqu'au point 132, pour remonter ensuite vers le moulin de *Trouillet* coté 168 ; au nord et au sud du point 132 les deux vallées sont nettement dessinées.

L'espace laissé en blanc montre bien la petite partie plane dont nous avons parlé.

Nous voyons un autre col au point 76 entre le moulin d'Orgemont et les carrières à plâtre; la route qui le traverse suit les deux thalwegs.

Mamelon. — Une meule de paille peut vous donner une idée du mamelon. Si nous faisons dans cette meule des sections horizontales, nous obtiendrons des courbes fermées d'autant plus petites qu'elles se rapprocheront du sommet (fig. 20). Projetées sur le sol, elles donneraient la figure ACDEB semblable à deux croupes qu'on aurait appliquées l'une contre l'autre, suivant une coupe perpendiculaire à leur ligne de faîte.

Topographiquement nous définirons le mamelon : une hauteur isolée formée par la réunion de deux croupes; il est représenté par des courbes fermées dont les cotes vont en croissant.

Nous en voyons deux voisins sur la carte, celui de la *Croix à François-le-Sept* et celui situé à sa gauche.

Remarque. — Il arrive quelquefois que le sommet n'est pas très bien déterminé par le dernier plan sécant, surtout si la hauteur de la partie située au-dessus de lui diffère très peu de l'équidistance ; on fait alors une section supplémentaire dessinée en pointillé sur la carte.

On peut aussi faire une section entre deux plans consécutifs, à un changement de pente par exemple, qu'il serait utile de représenter; la courbe qui résulte de cette section est appelée courbe *intermédiaire*.

Profil. — On nomme profil le contour de la section faite dans un terrain par un plan vertical.

Exécutons un profil suivant AB. Pour cela, prenons sur une ligne *ab* des longueurs *ac*, *cd*, respectivement

égales à AC, CD..., aux points *a*, *c*, *d*... élevons des perpendiculaires sur lesquelles nous prendrons à l'échelle
des longueurs égales aux différentes hauteurs des points
A, C, D... au-dessus du sol. En joignant par une ligne con-

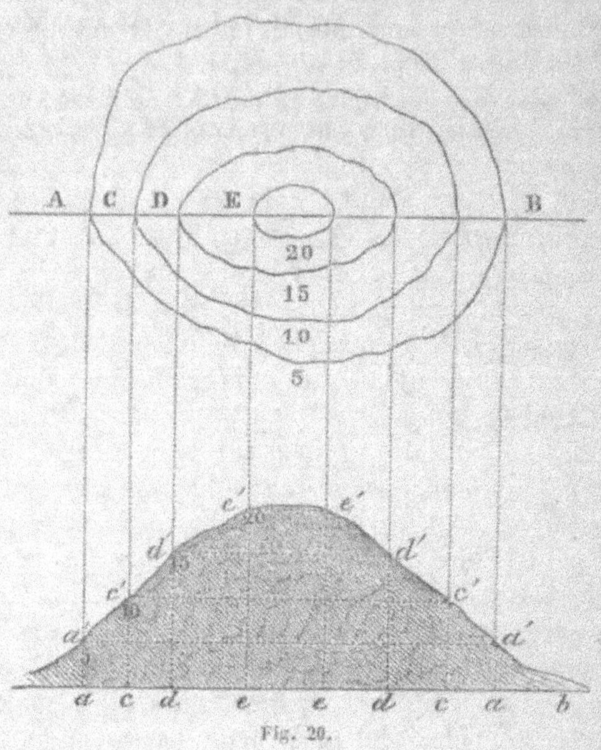

Fig. 20.

tinue les points obtenus, nous aurons le profil cherché
dit *profil naturel*.

Profil surhaussé, surbaissé. — Lorsque le terrain n'est
pas très accidenté, le profil se confond quelquefois avec
la ligne *ab*, il est très difficile alors de prendre les ren-

seignements dont on peut avoir besoin. Pour parer à cet inconvénient, on prend pour les hauteurs *aa'*, *cc'* une échelle plus grande que celle du plan ; on obtient ainsi une ligne dilatée qui permet de reconnaître des mouvements inaperçus auparavant , puisqu'ils ont été exagérés. On a ainsi un profil *surhaussé*.

Si au contraire on trouve le profil trop élevé , on le rabaisse en réduisant l'échelle ; c'est alors un *profil surbaissé*.

ORIENTATION.

Il y a quatre points cardinaux :

Le *nord*, l'*est*, l'*ouest*, le *sud* ou *midi*.

L'orientation a pour but de faire connaître la position que l'on occupe sur la terre, par rapport à ces quatre points fixes.

Elle enseigne à parcourir sûrement un terrain ; à trouver, à déterminer, sur une carte, le lieu exact dans lequel on se trouve ; elle apprend, enfin, à se servir judicieusement, pour la marche, de la configuration du sol, des objets à sa surface, et de la position respective des divers accidents que l'on rencontre.

Supposons un observateur muni d'une carte, quittant une ville A pour se rendre à une autre B.

Il sait quelle est la position du nord.

Si, au départ, il tourne sa carte de façon à placer sa partie supérieure dans la direction du nord et qu'il se dirige tout le temps du côté B, dans le sens AB, il arrivera sûrement à ce dernier point, la direction AB de la carte coïncidant exactement avec celle AB sur le terrain, puisque le nord, sur la carte, et dans l'espace, coïncident eux aussi.

Inversement, si un observateur, après avoir quitté un point B arrive en un autre A, inconnu, il saura de suite quelle est la position, sur la carte, de ce dernier. Il sait qu'il a marché, depuis son départ, dans le sens ouest, c'est-à-dire vers un point situé à droite de B.

Il sait, de plus, qu'il a parcouru 15 kilomètres.

Si donc, il prend, à l'échelle de la carte, à partir de
B et dans la direction de l'est, une longueur représentant 15 kil., il trouvera le point A dont la carte lui ap-
prendra le nom.

Voilà deux questions qui se présentent à chaque instant et dont on trouvera de suite la solution, si l'on
sait s'orienter.

La connaissance des quatre points cardinaux est donc
des plus importantes. La position d'un seul d'entre eux
suffit pour donner exactement la position des trois autres. C'est généralement le nord que l'on choisit comme
point de repère.

Nous allons donc chercher quels sont les différents
moyens employés pour trouver le nord dans l'espace.

1° Au moyen du *soleil.*

Pour se reconnaître durant le jour, il suffit de savoir
que, par suite du mouvement diurne apparent du soleil,
dans le sens de l'est à l'ouest, cet astre se trouve au
sud à midi, à l'est à 6 heures du matin et à l'ouest à
6 heures du soir. Si le temps était couvert, on pourrait
interroger un habitant du pays sur la position du soleil
à midi et en déduire les considérations précédentes.

2° Au moyen de l'*étoile polaire.*

La terre accomplit son mouvement de rotation autour
d'un axe imaginaire qui vient à peu près passer par une
étoile faisant partie de la constellation de la petite Ourse
et que l'on nomme étoile polaire. Cette étoile, se trou-
vant à l'extrémité de l'axe du monde, conserve l'immo-
bilité, et, par cela même, par sa position au nord, es
d'une grande utilité en orientation. Aux environs de la
constellation de la petite Ourse se trouve celle de la
grande Ourse ou du Chariot, dont la direction des étoiles

extrèmes *a*, *b* (fig. 21) prolongée, va rencontrer l'étoile polaire.

3° Au moyen d'une *montre* :

Ce procédé est basé sur les relations qui existent entre le soleil et l'ombre d'une tige verticale ; c'est sur le même principe qu'est basée la construction des cadrans solaires.

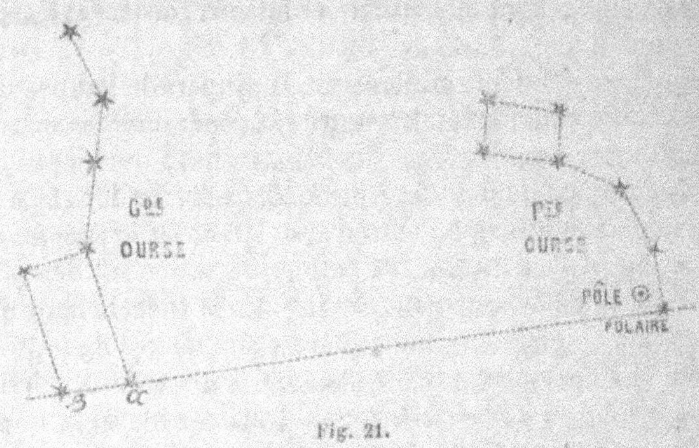

Fig. 21.

Lorsqu'à un moment déterminé de la journée, 4 heures par exemple, on veut trouver la position du nord, on place une épingle au centre d'une montre, au point de jonction des deux aiguilles, on la maintient verticalement. On prend la moitié de l'heure actuelle, 2 heures dans le cas qui nous occupe, et on fait passer la ligne d'ombre par le pied de l'épingle et par la moitié de l'heure, 2 heures. La ligne midi à 6 henres indique, dans la position occupée alors par la montre, la direction N.-S., midi étant tourné vers le nord.

Moyens divers. — Il existe encore divers moyens d'orientation qui offrent plus ou moins d'exactitude, mais qui peuvent être, toutefois, d'une certaine utilité. Lorsqu'on examine un arbre isolé, l'on reconnaît qu'il présente, sur un de ses côtés, une partie beaucoup plus moussue, plus verdâtre que sur les autres. Ce côté est généralement tourné dans la direction du nord.

Le même fait est à remarquer lorsqu'il s'agit d'un mur isolé, dont la portion verdâtre regarde également le nord.

L'entrée des fourmilières est, la plupart du temps, placée du côté du midi. En outre, la généralité des églises et surtout des églises des campagnes, ont sensiblement la direction de leur profondeur placée dans le sens E.-O. de façon que l'entrée soit à l'ouest, le sanctuaire occupant l'est. Enfin, et cette observation est des plus exactes, à l'époque des quartiers de la lune, la ligne qui joint les extrémités du croissant aux heures de lever et de coucher marque sensiblement la direction N.-S.

Au moyen de la boussole. — Tous ces moyens, quoique fort bons en eux-mêmes, ne se trouvent pas toujours à notre disposition ; il en est un bien plus sûr et qui est indépendant de toute cause extérieure, qui renseigne toujours à n'importe quelle époque, de jour et de nuit : c'est la boussole.

La boussole est un instrument basé sur la propriété que possède une aiguille aimantée de toujours tourner une de ses pointes dans la direction du nord.

L'instrument se compose d'une boîte rectangulaire en bois, dont le fond est formé par un cercle en papier émaillé gradué de 0 à 360 et divisé en 4 parties par deux diamètres se coupant à angle droit et formant l'un, la direction N.-S., l'autre la direction E.-O.

Au centre du cercle se trouve un petit pivot en laiton supportant l'aiguille aimantée dont les mouvements sont ainsi rendus libres. Cet instrument permet donc de connaître la direction du nord, et, en outre, la déclinaison d'un point, c'est-à-dire la distance en degrés qui le sépare du pôle terrestre ; ce petit instrument, qui porte, pour cette raison, le nom de *déclinatoire*, est très portatif et d'un prix fort modique.

PROBLÈMES RÉSOLUS

Maintenant que nous avons appris, en planimétrie et en nivellement, tous les principes qu'il nous était indispensable de connaître, maintenant que nous avons vu quelles étaient les différentes parties qui constituaient un carte de topographie, nous allons utiliser cette carte et lui demander tous les renseignements qu'elle est susceptible de nous donner.

Nous aurons ainsi une série de petits problèmes, dont la solution, quoique fort simple, ne doit être ignorée de personne.

1. — *Mesurer la distance d'un point à un autre.*

Nous avons déjà étudié cette question lorsqu'il s'est agi des échelles, et nous avons alors même pu déterminer la distance qui séparait le moulin de *Trouillet* de celui d'*Orgemont*. Nous ne reviendrons point, par conséquent, sur ce problème.

Néanmoins, une remarque est utile à faire : la distance que nous avons obtenue, nous l'avons mesurée directement, nous l'avons prise à *vol d'oiseau*, sans nous préoccuper des mouvements du terrain, de ses sinuosités, des montées et des descentes; nous avons mesuré la projection et non la ligne de l'espace : toutes ces choses modifient sensiblement la vraie distance, et l'on a remarqué, c'est le résultat d'expériences répétées, que la longueur véritable, en terrain accidenté, s'obtenait en forçant du $\frac{1}{3}$ ou du $\frac{1}{4}$ de sa valeur, la distance trouvée.

Si, au lieu d'avoir à mesurer la distance sur un terrain tourmenté, très accidenté, rempli de hauteurs et de dépressions, on a affaire à un terrain à pente douce, uniforme, on se contentera de forcer seulement le résultat obtenu du $\frac{1}{20}$ de sa valeur.

On a souvent aussi, à mesurer la longueur d'une route fort sinueuse, remplie de courbures, changeant à chaque instant de direction.

On peut trouver, mais ce procédé demande un grand temps, cette longueur, en décomposant la route en petits éléments rectilignes qu'on mesure chacun, et dont on additionne ensuite les valeurs.

Un petit instrument, du nom de *curvimètre*, permet de résoudre rapidement ce problème.

Le curvimètre est une petite roue, analogue à une molette d'éperon, que l'on promène sur la carte en lui faisant suivre tous les détours de la route dont on veut connaître la longueur. La circonférence du curvimètre étant connue on n'a qu'à multiplier sa valeur par le nombre de tours effectués, et le problème est résolu.

Nous avons opéré, jusqu'à présent, avec une échelle graphique, sur laquelle nous portions la distance trouvée sur la carte, et qui nous donnait ainsi, tout de suite, la valeur de celle-ci sur le terrain.

Il peut arriver que l'on n'ait pas d'échelle graphique, soit que la carte n'en renferme pas, soit qu'on n'en ait pas soi-même tracé; dans ce cas, on multiplie la longueur trouvée sur la carte, 54 millimètres, par 40,000, dénominateur de l'échelle ; la distance obtenue est bien toujours 2160 mètres.

2. — *Déterminer, sur la carte, le point où l'on se trouve.*

Supposons que nous ayons quitté la station de *Sannois*, et que nous nous dirigions, par le sentier de droite, sur le village de *Saint-Gratien*.

Arrivés à un certain point de notre trajet, nous voulons marquer, sur la carte, le point où nous nous trouvons.

Si nous savons combien de pas nous avons fait depuis notre départ de la station de *Saint-Gratien*, nous n'aurons qu'à réduire ces pas en mètres, à diviser ce nombre de mètres par 40000, dénominateur de l'échelle, et à porter le résultat obtenu à partir de la station de *Sannois* sur le sentier suivi.

L'endroit où viendra tomber la pointe du compas, sera le point exact que nous occupons.

On peut aussi procéder au moyen d'alignements. Si nous remarquons, par exemple, que nous nous trouvons sur la ligne formée par deux maisons, deux arbres, deux objets du sol, l'un à droite, l'autre à gauche de la route, nous les joindrons sur la carte, et l'intersection de la droite ainsi tracée avec le sentier nous donnera le point cherché.

Nous pouvons aussi nous trouver entre deux maisons placées sur la route et tracées sur la carte ; en estimant notre position, relativement à celles-ci, nous résoudrons encore la question.

5.

3. — *Mesurer la pente d'un terrain.*

Supposons-nous au point coté 132, c'est-à-dire au col situé au-dessous de l'*Ermitage*, entre les bois de *Monts-Frais* et le moulin de *Trouillet*, coté 168.

Nous savons que la pente est le rapport $\frac{H}{B}$; H est ici égal à 168 — 132 — 36; quant à B, nous le mesurons. Nous obtenons 14 millimètres de la carte, qui valent 560 mètres du terrain. La pente est alors égale à $\frac{36}{560} = 0,064$.

4. — *Trouver l'échelle d'une carte.*

Si l'on a entre les mains une carte dont on ignore l'échelle, il est indispensable d'obvier de suite à cet inconvénient. À cet effet, l'échelle étant le rapport qui existe entre les lignes du terrain et leurs correspondantes sur le dessin, on mesure une longueur arbitraire sur le sol, on évalue, sur la carte, la valeur de la ligne qui la représente, et on divise l'une par l'autre ces deux quantités. Le quotient est le dénominateur de l'échelle.

Ainsi, nous sommes sur le terrain et nous savons que la distance qui sépare le moulin de *Trouillet* de celui d'*Orgemont* est de 2160 mètres. Nous mesurons cette longueur sur la carte : nous trouvons 54 millimètres.

Divisant la ligne du terrain, 2160, par celles du dessin, $0^m,054$, nous obtenons, comme résultat, 40000, dénominateur de l'échelle de notre carte.

5. — *Trouver la valeur de l'équidistance naturelle à une échelle donnée.*

Proposons-nous de connaître, à l'échelle du $\frac{1}{20000}$ par exemple, la valeur de l'équidistance naturelle, c'est-à-dire la distance qui, sur le terrain, sépare deux courbes consécutives sur la carte ou bien encore la longueur naturelle d'une ligne de plus grande pente, d'une hachure du dessin. Nous savons que l'équidistance graphique est constante, et égale à $0^m,0005$. Nous trouvons 10^m pour l'échelle du $\frac{1}{20000}$, 20 mètres pour celle du $\frac{1}{40000}$, 40 mètres pour celle du $\frac{1}{80000}$.

Si nous ne connaissons pas l'échelle de la carte, nous prenons la différence des cotes de deux points et nous comptons combien nous rencontrons de courbes, ou de zones de hachures entre ces deux points. En divisant par le chiffre des zones la différence des cotes, nous obtenons l'équidistance naturelle.

Exemple : cote de M = 150; cote de N = 110; nombre de courbes = 4.

$$\text{Équidistance} = \frac{150 - 110}{4} = \frac{40}{4} = 10.$$

Si les nombres indiquant les cotes ne se terminent pas par le chiffre 5 ou par un zéro, on calcule les cotes comme si cela avait lieu, les équidistances, en topographie, étant généralement des multiples de 5.

Si, par exemple, nous avions trouvé 149 et 112, nous aurions calculé, absolument, comme pour 150 et 110.

6. — *Trouver la cote d'un point situé entre deux courbes.*

Soient deux courbes cotées, à l'échelle du $\frac{1}{10000}$, 45 et 50. Nous voulons trouver la cote d'un point A compris entre deux courbes (fig. 22).

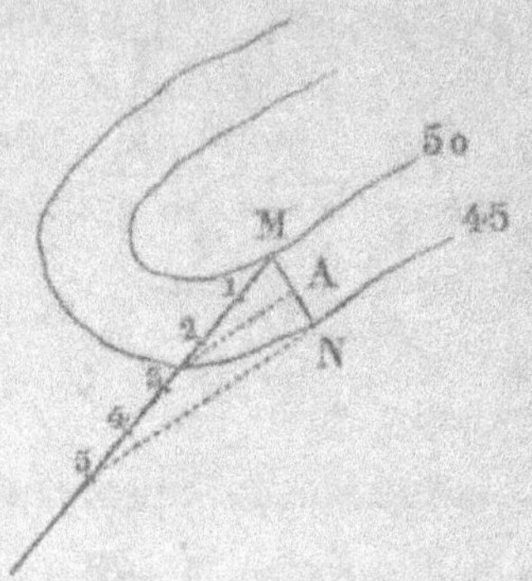

Fig. 22.

Nous menons, par A, la ligne de plus grande pente, nous traçons la hachure, et nous mesurons sa longueur MN. Puis, nous tirons, par l'extrémité M, une ligne quelconque sur laquelle nous portons 5 longueurs arbitraires ; nous joignons N-5 et, par A, nous lui menons une parallèle qui vient couper M-5 entre 2 et 3. La cote de A sera donc comprise entre 47 et 48.

7. — *Mener, entre deux courbes, une ligne de pente donnée.*

Ce problème est très important lorsqu'il s'agit du racé d'une route, du franchissement d'une hauteur

que l'on ne peut gravir que suivant une certaine inclinaison.

Supposons deux courbes cotées, à l'échelle du $\frac{1}{10000}$,
45 et 50 (fig. 23).

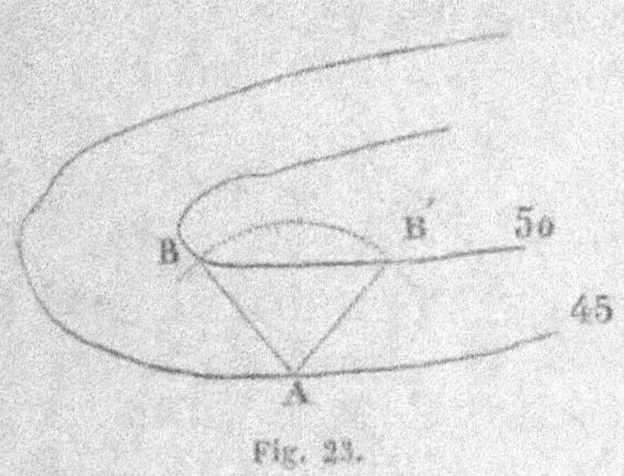

Fig. 23.

D'un point A, situé sur la courbe 45, nous voulons
mener, à la courbe 50, une ligne à la pente du $\frac{1}{100}$
(tracer une route au $\frac{1}{100}$ et partant de A, par exemple).

Nous posons : $\frac{H}{B} = \frac{1}{100}$.

H est connu : c'est l'équidistance naturelle égale, à
l'échelle du $\frac{1}{10000}$, à 5 mètres. Nous avons donc :

$$\frac{5}{B} = \frac{1}{100}; \text{ d'où } B = 500 \text{ mètres.}$$

Ces 500 mètres, réduits au $\frac{1}{10000}$, valent 5 centimètres. Alors, du point A, avec une ouverture de compas égale à 5 centimètres, nous décrirons un arc de

cercle qui vient couper, en B, la courbe 50. A B est bien la ligne demandée.

Le problème, on le voit, a deux solutions, car l'on peut construire deux lignes dans les mêmes conditions, l'une à droite, l'autre à gauche du point A : A B et A B'.

8. — *Trouver la pente d'une route.*

Supposons que nous nous proposions de trouver la pente de la route qui sort de la station d'*Argenteuil* et se dirige sur *Enghien*, après avoir coupé la route du *Havre*.

Nous remarquerons que la station est cotée 35, et que la cote du col située entre le moulin d'*Orgemont* et les *Carrières à plâtre* est 75 ; la différence de niveau entre ces deux points est donc de 40.

Si nous mesurons la distance qui sépare ces deux points, nous trouvons 40^{mm} qui, à l'échelle du $\dfrac{1}{40000}$, valent 1600 mètres.

Or, la pente est exprimée par la relation $\dfrac{H}{B}$.

H est, ici, égal à 40, et B à 1600. En effectuant, nous trouvons :

$$\frac{H}{B} = \frac{40}{1600} = 0^{m},025.$$

La pente cherchée, entre les deux points considérés, est donc de : $\dfrac{25}{1000}$, ou de $\dfrac{1}{40}$.

On pourrait continuer à suivre ainsi toutes les pente de la route donnée, en opérant de la même façon.

9. — *Trouver l'horizon visible d'un point.*

Nous sommes arrivés au problème qui résume, en quelque sorte, l'étude des cartes.

Savoir trouver l'horizon visible d'un point, c'est savoir se faire une idée claire, nette, précise de la physionomie que présente un terrain aperçu d'un endroit désigné ; c'est pouvoir, à la seule inspection de la carte, déterminer le village qui borne l'horizon à gauche, la croupe qui domine le terrain vers la droite, le bois qui vient arrêter la vue en avant. En pratiquant souvent un tel exercice, on arrivera à se former le coup d'œil, à se représenter, à l'aide de la carte seule, la portion de pays qu'elle représente, à en juger les points visibles, leurs hauteurs relatives, leur situation par rapport à tels ou tels autres.

Il est donc essentiel de bien connaître la résolution de ce problème qui est des plus simples. Si trois points cotés A, B, C, sont sur une même ligne, et que l'on puisse affirmer que, du point A, l'on voit le point C, on aura, par cela même, tranché la question.

On n'aura qu'à rayonner autour de A, à refaire la même opération pour tous les points rencontrés, et, en joignant par une courbe tous ceux visibles en dernier lieu, on aura déterminé l'horizon visible du point A.

Supposons A coté 160, B 140, C 120 (fig. 24).

Prenons, sur la carte, la longueur représentant, à l'échelle du dessin, la ligne A C et plaçons, sur cette droite, le point B à la place qu'il occupe, *b*.

Elevons, par ces trois points *a*, *b*, *c*, des perpendiculaires sur lesquelles nous porterons des longueurs égales à leur différence de niveau : 6, 4, 2. Les points a', b', c', ainsi obtenus, nous représenteront la position des trois points A, B, C dans l'espace, puisqu'ils sont espacés l'un de l'autre comme ils le sont réellement, et ont, entre eux, les différences de niveau indiquées par leurs cotes. Les opérations que nous effectuerons sur $a'\,b'\,c'$,

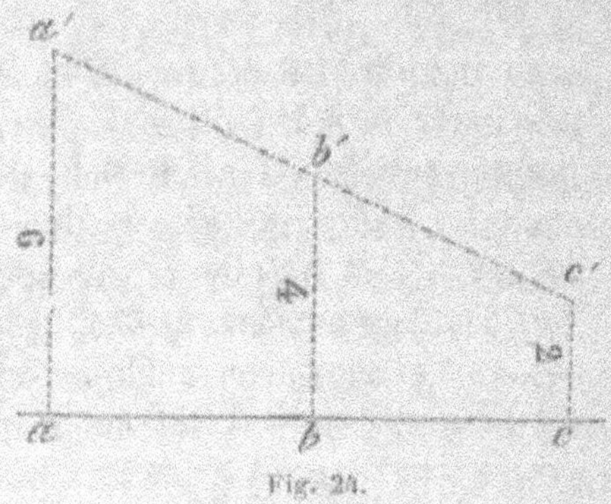

Fig. 24.

seront alors absolument identiques à celles que nous effectuerions sur A, B, C. Si donc la droite $b\,b'$ ne rencontre pas la ligne $a'\,c'$ figurant le rayon visuel de l'observateur, le point c' sera vu de a' et, par suite, le point C le sera de A.

En poursuivant, dans le même sens, cette opération jusqu'à ce que le rayon visuel $a'\,c'$ soit arrêté par une droite telle que $b\,b'$, on déterminera, pour ce côté de la carte, tout l'horizon visible du point A.

MÉTHODE D'INSTRUCTION.

La meilleure manière de retirer de la lecture et de
l'emploi de la carte tout le fruit désirable, est de posséder une bonne méthode d'instruction, de manière à
suivre une marche logique, à la fois basée sur l'étude
de la carte et du terrain qu'elle représente.

Il serait fort avantageux, à cet effet, que les élèves
fussent munis, soit chacun, soit quelques-uns dans chaque classe de bonnes cartes d'état-major que le minis-
tère de la guerre leur livrerait à des prix très modiques,
et qu'ils pussent en suivre toutes les indications sur le
terrain.

La comparaison de la carte avec le terrain est en effet le meilleur exercice qu'il soit possible de faire;
mais comme on ne peut à chaque instant se transpor-
ter sur le terrain pour y faire cette étude, on fait usage
d'un plan relief, copie exacte, comme planimétrie et
comme nivellement, du terrain figuré par la carte. Nous
recommandons, à cet effet, les reliefs de la collection
topographique *Bardin*, déposés à la librairie géogra-
phique *Delagrave*, à Paris.

Les premières leçons seront consacrées à l'étude sur
le relief des divers mouvements de terrain que nous
avons cités plus haut : on leur montrera ce que c'est
qu'une croupe, une vallée, un mamelon, un col; on

les leur fera chercher sur la carte, en insistant particulièrement sur la façon dont les mouvements de pente et de hauteurs différentes se distinguent entre eux sur la carte et sur le plan-relief.

On leur fera saisir la relation qui existe entre les courbes ou les hauteurs et l'inclinaison du terrain dont elles donnent l'image.

On leur fera bien comprendre, à l'aide d'exemples, que plus la pente est raide, plus les hachures sont petites et rapprochées, plus les distances des courbes entre elles sont faibles ; que, plus la pente est douce au contraire, plus les hachures seront longues et distantes, plus les courbes sont éloignées les unes des autres.

On leur indiquera l'usage des signes et des teintes conventionnelles en leur montrant à la fois les mêmes objets sur le relief et sur la carte, les lignes de partage des eaux, les thalwegs, les lignes de plus grande pente.

On abordera ensuite les problèmes que nous avons cités précédemment et on les leur fera résoudre d'abord sur le relief, on comparera ensuite avec les résultats recherchés sur la carte. Nous allons passer en revue les principales remarques auxquelles donne lieu la résolution de tous ces problèmes.

Lorsqu'on mesurera la distance d'un point à un autre, les élèves trouveront rarement la même longueur sur la carte que sur le relief. Il faudra bien s'attacher à leur faire comprendre, comme nous l'avons déjà dit dans le chapitre des *échelles*, que la carte donne la distance des projections des points du relief, à vol d'oiseau, sans tenir compte des accidents du sol, des montées et des descentes et que, en réduisant celle-ci du $\frac{1}{4}$ ou du $\frac{1}{3}$ de sa valeur, on aura, à très peu de chose près, les mêmes nombres.

Si l'on prend, comme exemple, une route sinueuse, ne pas négliger l'emploi du *curvimètre* dont l'emploi est très simple, le prix fort modique et qui procure les meilleurs résultats. Cet instrument a de plus l'avantage de pouvoir servir à la fois sur le plan-relief et sur la carte.

Pour la détermination sur la carte d'un point désigné sur le plan-relief, on fera voir à l'élève un point voisin remarquable et on l'amènera à déduire l'endroit indiqué de la position qu'occupe le point cherché par rapport à celui qu'il a sous les yeux sur le plan-relief et sur la carte en même temps. Lorsqu'on lui fera mesurer, sur la carte, la pente d'un mouvement de terrain, on lui montrera, sur le relief, la valeur de cette pente : il est très utile, en effet, que l'élève se familiarise avec les notions des diverses inclinaisons du sol et qu'il n'arrive pas, à l'estimation à simple vue, à commettre des erreurs trop grossières.

Il serait bon qu'il ait sous les yeux, chaque fois qu'il consulte, soit la carte, soit le relief, la figure de la pente limite pour l'homme, le cheval et la voiture, de façon à arriver en peu de temps à pouvoir dire, à peu de chose près, si telle pente, tel mouvement de terrain leur est accessible ou ne l'est pas. Cette connaissance est des plus indispensables : il importe, en effet, bien peu de savoir si telle pente est au $\frac{1}{100}$, au $\frac{1}{60}$ ou au $\frac{1}{40}$, mais il importe au plus haut point de savoir si, oui ou non, il est possible de la suivre pour franchir l'obstacle.

Dans les problèmes relatifs aux échelles, on s'attachera particulièrement à montrer les rapports qui existent entre deux longueurs semblables, sur le relief et sur la carte, à voir comment elles augmentent, comment elles diminuent, suivant que varie lui-même le dénominateur de l'échelle; on les brisera à la détermination rapide d'une longueur à telle échelle; on placera sous les yeux diverses cartes dont on leur fera chercher l'échelle, qu'on aura dissimulée ou supprimée.

On suivra, pour les exercices sur les équidistances, la même marche que pour les échelles, en s'attachant surtout à bien lui faire voir que l'expression à l'équidistance de 5 m., de 10 m., etc..., ne signifie pas que la longueur mesurée entre deux courbes est de 5, 10 m., etc... mais que l'une est simplement plus élevée que l'autre de 5, de 10 mètres, etc...; en un mot, que cette distance n'est pas celle sur le terrain ou sur la carte (en réduisant à l'échelle), mais bien celle verticale mesurée par rapport au niveau de la mer.

On fera résoudre, le plus souvent possible, le problème qui consiste à mener, entre deux courbes, une droite de pente donnée; on familiarisera, de la sorte, les élèves avec les notions des pentes et des inclinaisons du terrain, qui, nous l'avons vu, est de la plus grande utilité.

Le problème qui suit, et qui est l'inverse du précédent, rendra les mêmes services.

Dans la recherche de l'horizon visible, nous avons insisté d'une façon toute particulière sur le grand intérêt de cette question : il faudra la poser souvent à l'élève et lui faire exécuter l'opération sur le relief.

On pourra la faire graphiquement en promenant sur les points dominants l'arête d'une règle plate, d'un double décimètre, dont l'une des extrémités restera fixée sur le point dont on détermine l'horizon. En notant, par un signe, tous les points de contact, on tracera l'horizon visible.

Enfin, dans toutes les leçons qu'il fera à ses élèves, soit au cours, soit sur le terrain, le professeur s'attachera à ne rien signaler sur la carte sans l'indiquer de suite sur le relief ou le terrain lui-même.

C'est par cette comparaison constante et raisonnée de la carte et du pays qu'elle représente, que l'élève parviendra à saisir toutes les formes et les détails du terrain figuré, à former son coup d'œil, à bien lire une carte, à s'en servir judicieusement.

FIN.

TABLE DES MATIÈRES.

FIN DE LA TABLE DES MATIÈRES